建筑与市政工程施工现场专业人员职业标准培训教材

质量员岗位知识与专业技能

（设备方向）

建筑与市政工程施工现场专业人员职业标准培训教材编审委员会◎编写

钱大治　主　编

刘尧增　郑华孚　副主编

中国建筑工业出版社

图书在版编目（CIP）数据

质量员岗位知识与专业技能（设备方向）/钱大治主编. —北京：中国建筑工业出版社，2014.7
建筑与市政工程施工现场专业人员职业标准培训教材
ISBN 978-7-112-16829-3

Ⅰ.①质… Ⅱ.①钱… Ⅲ.①房屋建筑设备-质量管理-职业培训-教材 Ⅳ.①TU712

中国版本图书馆 CIP 数据核字（2014）第 095740 号

本书是建筑与市政工程施工现场专业人员设备安装质量员的岗位培训教材之一，内容有岗位知识和专业技能两个部分。

岗位知识部分：阐述建筑设备安装相关的管理规定和标准，介绍质量管理基本知识，说明质量计划编制和工程质量控制方法，对质量问题类别及其形成原因也做了阐释。通过学习，促使学习者在质量管理知识方面有所提升，以敷实践中应用。

专业技能部分：先分析技能特征，然后用案例来介绍实践中应怎样处理施工中遇到的各类问题，其主要表现在编制施工项目质量计划、设备材料的质量评价、施工试验结果判断、施工图识读、质量控制、质量文件编制与交底、质量检查验收、质量问题处理、质量资料等九个方面。通过学习，可身临其境进行分析判断，以提高专业技能。

责任编辑：朱首明 李 明 张 健
责任设计：李志立
责任校对：李美娜 刘梦然

建筑与市政工程施工现场专业人员职业标准培训教材

质量员岗位知识与专业技能
（设备方向）

建筑与市政工程施工现场专业人员职业标准培训教材编审委员会◎编写

钱大治 主 编

刘尧增 郑华孚 副主编

*

中国建筑工业出版社出版、发行（北京西郊百万庄）
各地新华书店、建筑书店经销
北京科地亚盟排版公司制版
北京天来印务有限公司印刷

*

开本：787×1092 毫米 1/16 印张：8 字数：195 千字
2014 年 7 月第一版 2014 年 7 月第一次印刷
定价：**22.00 元**
ISBN 978-7-112-16829-3
（25617）

版权所有 翻印必究
如有印装质量问题，可寄本社退换
（邮政编码 100037）

建筑与市政工程施工现场专业人员职业标准培训教材编审委员会

主　任：赵　琦　李竹成

副主任：沈元勤　张鲁风　何志方　胡兴福　危道军
　　　　尤　完　赵　研　邵　华

委　员：（按姓氏笔画为序）

王兰英　王国梁　孔庆璐　邓明胜　艾永祥
艾伟杰　吕国辉　朱吉顶　刘尧增　刘哲生
孙沛平　李　平　李　光　李　奇　李　健
李大伟　杨　苗　时　炜　余　萍　沈　汎
宋岩丽　张　晶　张　颖　张亚庆　张燕娜
张晓艳　张悠荣　陈　曦　陈再杰　金　虹
郑华孚　胡晓光　侯洪涛　贾宏俊　钱大治
徐家华　郭庆阳　韩炳甲　鲁　麟　魏鸿汉

出版说明

建筑与市政工程施工现场专业人员队伍素质是影响工程质量和安全生产的关键因素。我国从 20 世纪 80 年代开始,在建设行业开展关键岗位培训考核和持证上岗工作。对于提高建设行业从业人员的素质起到了积极的作用。进入 21 世纪,在改革行政审批制度和转变政府职能的背景下,建设行业教育主管部门转变行业人才工作思路,积极规划和组织职业标准的研发。在住房和城乡建设部人事司的主持下,由中国建设教育协会、苏州二建建筑集团有限公司等单位主编了建设行业的第一部职业标准——《建筑与市政工程施工现场专业人员职业标准》,已由住房和城乡建设部发布,作为行业标准于 2012 年 1 月 1 日起实施。为推动该标准的贯彻落实,进一步编写了配套的 14 个考核评价大纲。

该职业标准及考核评价大纲有以下特点:(1)系统分析各类建筑施工企业现场专业人员岗位设置情况,总结归纳了 8 个岗位专业人员核心工作职责,这些职业分类和岗位职责具有普遍性、通用性。(2)突出职业能力本位原则,工作岗位职责与专业技能相互对应,通过技能训练能够提高专业人员的岗位履职能力。(3)注重专业知识的完整性、系统性,基本覆盖各岗位专业人员的知识要求,通用知识具有各岗位的一致性,基础知识、岗位知识能够体现本岗位的知识结构要求。(4)适应行业发展和行业管理的现实需要,岗位设置、专业技能和专业知识要求具有一定的前瞻性、引导性,能够满足专业人员提高综合素质和适应岗位变化的需要。

为落实职业标准,规范建设行业现场专业人员岗位培训工作,我们依据与职业标准相配套的考核评价大纲,组织编写了《建筑与市政工程施工现场专业人员职业标准培训教材》。

本套教材覆盖《建筑与市政工程施工现场专业人员职业标准》涉及的施工员、质量员、安全员、标准员、材料员、机械员、劳务员、资料员 8 个岗位 14 个考核评价大纲。每个岗位、专业,根据其职业工作的需要,注意精选教学内容、优化知识结构、突出能力要求,对知识、技能经过合理归纳,编写为《通用与基础知识》和《岗位知识与专业技能》两本,供培训配套使用。本套教材共 29 本,作者基本都参与了《建筑与市政工程施工现场专业人员职业标准》的编写,使本套教材的内容能充分体现《建筑与市政工程施工现场专业人员职业标准》,促进现场专业人员专业学习和能力提高的要求。

作为行业现场专业人员第一个职业标准贯彻实施的配套教材,我们的编写工作难免存在不足,因此,我们恳请使用本套教材的培训机构、教师和广大学员多提宝贵意见,以便进一步的修订,使其不断完善。

建筑与市政工程施工现场专业人员职业标准培训教材编审委员会

前　言

本教材依据《建筑与市政工程施工现场专业人员职业标准》JGJ/T 250—2011 及与其配套的《建筑与市政工程施工现场专业人员考核评价大纲》编写。

在编写时结合实际需要及现实情况对考核评价大纲的内容作适当的突破，因而教材编写的范围做了少许的扩大，待试用中给以鉴别。

考核评价大纲的体例有所创新，将知识和能力分解成四大部分。而房屋建筑安装工程的三大专业即给水排水专业、建筑电气专业、通风与空调专业的培训教材历来是各专业纵向自成体系，这次要拆解成横向联合嵌入四大部分中，给编写工作带来难度，表现为分解得是否合理，编排上是否零乱，衔接关系是否能呼应。这些我们也是在尝试中，再加上水平有限，难免有较多的瑕疵出现，请使用教材者多提意见，使其不断得到改进。

教材完稿后，由编审小组召集傅慈英、翁祝梅、余鸿雁、盛丽、石修仁等业内专家进行审查，审查认为符合"标准"和"大纲"的要求，将提出的意见进行修改后，可以付诸试用。

教材编写过程中，得到了浙江省建设厅人教处郭丽华、章凌云、王战等同志的大力支持、帮助和指导，谨此表示感谢。

目 录

上篇 岗位知识

一、相关的施工管理规定和标准 ·· 1
  （一）建设工程质量管理相关规定 ································ 1
  （二）安装工程施工质量验收标准和规范 ···················· 12
二、工程质量管理基本知识 ·· 33
  （一）工程质量管理及控制体系 ·································· 33
  （二）ISO9000 质量管理体系 ···································· 36
三、质量计划的编制 ·· 40
  （一）质量策划的概念 ·· 40
  （二）质量计划编制的内容和方法 ······························ 41
四、工程质量的控制 ·· 43
  （一）影响质量的因素控制 ·· 43
  （二）施工阶段的质量控制 ·· 44
  （三）质量控制点的设置 ··· 46
五、质量问题 ··· 48
  （一）质量问题的类别 ·· 48
  （二）质量问题主要形成原因 ····································· 49
  （三）质量问题的处理 ·· 50

下篇 专业技能

六、编制施工项目质量计划 ·· 52
  （一）技能简介 ·· 52
  （二）案例分析 ·· 54
七、设备、材料的质量评价 ·· 60
  （一）技能简介 ·· 60
  （二）案例分析 ·· 62
八、施工试验结果判断 ··· 67
  （一）技能简介 ·· 67
  （二）案例分析 ·· 69

九、施工图识读 ··· 75
(一) 技能简介 ··· 75
(二) 案例分析 ··· 77
十、质量控制 ··· 85
(一) 技能简介 ··· 85
(二) 案例分析 ··· 86
十一、质量文件编制与交底 ··· 92
(一) 技能简介 ··· 92
(二) 案例分析 ··· 93
十二、质量检查验收 ·· 99
(一) 技能简介 ··· 99
(二) 案例分析 ··· 103
十三、质量问题处理 ·· 106
(一) 技能简介 ··· 106
(二) 案例分析 ··· 107
十四、质量资料 ·· 111
(一) 技能简介 ··· 111
(二) 案例分析 ··· 114
参考文献 ·· 117

上篇 岗位知识

一、相关的施工管理规定和标准

本章对相关法律法规和标准的规定如何在施工现场具体落实进行介绍，主要是质量管理方面的内容。

（一）建设工程质量管理相关规定

本节对工程建设中应遵守的质量管理的有关规定作出介绍，以利施工活动中得到认真执行。

1. 工程建设强制性标准的监督实施

（1）定义

1）工程建设强制性标准是指直接涉及工程质量、安全、卫生及环境保护等方面的工程建设标准强制性条文。

2）国家工程建设标准强制性条文由国务院建设行政主管部门会同国务院有关行政主管部门确定。

（2）监督管辖

1）国务院建设行政主管部门负责全国实施工程建设强制性标准的监督管理工作。

2）国务院有关行政主管部门按照职能分工负责实施工程建设强制性标准的监督管理工作。

3）县级以上地方人民政府建设行政主管部门负责本行政区域对实施工程建设强制性标准的监督管理工作。

（3）监督管理工作的意义

加强工程建设强制性标准实施的监督管理工作的意义是保证建设工程质量，保障人民的生命、财产安全，维护社会公共利益。

（4）"四新"应用和国际标准采用

1）工程建设中拟采用的新技术、新工艺、新材料、新设备，不符合现行强制性标准规定的，应当由拟采用单位提请建设单位组织专题技术论证，报批准标准的建设行政主管部门或者国务院有关部门审定。

2）工程建设中采用国际标准或者国外标准，现行强制性标准未作规定的，建设单位应当向国务院建设行政主管部门或者国务院有关行政主管部门备案。

(5) 监督检查内容

1) 有关工程技术人员是否熟悉、掌握强制性标准的规定。

2) 工程项目的规划、勘察、设计、施工、验收等是否符合强制性标准的规定。

3) 工程项目采用的材料、设备是否符合强制性标准的规定。

4) 工程项目的安全、质量是否符合强制性标准的规定。

5) 工程中采用的导则、指南、手册、计算机软件的内容是否符合强制性标准的规定。

(6) 职责和处罚

1) 任何单位和个人对违反工程建设强制性标准的行为有权向建设行政主管部门或者有关部门检举、控告、投诉。

2) 施工单位违反工程建设强制性标准的，责令改正，处工程合同价款2%以上4%以下的罚款；造成建设工程质量不符合规定质量标准的，负责返工修理，并赔偿因此造成的损失，情节严重的，责令停业整顿，降低资质等级或者吊销资质证书。

2. 备案管理的相关规定

(1) 管辖

1) 国务院建设行政主管部门负责全国房屋建筑工程和市政基础设施工程的竣工验收备案管理工作。

2) 县级以上地方人民政府建设行政主管部门负责本行政区域内工程的竣工验收备案管理工作。

(2) 职责

1) 建设单位应自工程竣工验收合格之日起15日内，依照竣工验收管理暂行办法规定，向工程所在地县级以上地方人民政府建设行政主管部门（备案机关）备案。

2) 工程质量监督机构应在工程竣工验收之日起5日内，向备案机关提交工程质量监督报告。

(3) 竣工验收备案提交的文件

1) 工程竣工验收备案表。

2) 工程竣工验收报告。包括：

① 工程报建日期。

② 施工许可证号。

③ 施工图设计文件审查意见。

④ 勘察、设计、施工、监理等单位签署的质量合格文件及验收人员签署的竣工验收原始文件。

⑤ 市政基础设施的有关质量检测和功能性试验资料。

⑥ 备案机关认为需要提供的其他有关资料。

3) 法律、法规规定应当由规划、公安消防、环保等部门出具的认可文件或者准许使用文件。

4) 施工单位签署的工程质量保修书。

5）法律、规章规定必须提供的其他文件。
6）商品住宅还应提交《住宅质量保证书》和《住宅使用说明书》。
(4) 竣工验收过程中有违规行为的规定

备案机关发现建设单位在竣工验收过程中有违反国家有关建设工程质量管理规定行为的，应在收讫竣工验收备案文件 15 日内，责令停止使用，重新组织竣工验收。

3. 工程质量保修

(1) 定义

是对房屋建筑工程竣工验收后在保修期限内出现的质量缺陷，予以修复。

所谓质量缺陷，是指房屋建筑工程不符合工程建设强制性标准以及合同的约定。

(2) 保修期限

在正常使用情况下，房屋建筑工程的最低保修期限为：

1）地基基础工程和主体结构工程，为设计文件规定的该工程的合理使用年限。
2）屋面防水工程，有防水要求的卫生间、房间和外墙面的防渗漏，为 5 年。
3）供热与供冷系统，为 2 个采暖期、供冷期。
4）电气管线、给水排水管道、设备安装为 2 年。
5）装修工程为 2 年。

其他项目的保修由建设单位和施工单位约定。

(3) 保修程序

1）建设单位或房屋所有人在保修期内发现质量缺陷，向施工单位发出保修通知书。
2）施工单位接保修通知书后到现场核查确认。
3）在保修书约定时间内施工单位实施保修修复。
4）保修完成后，建设单位或房屋所有人进行验收。

(4) 不属于保修的范围

1）因使用不当或者第三方造成的质量缺陷。
2）不可抗力造成的质量缺陷。

(5) 商品房保修

房地产开发企业售出的商品房保修，还应执行《城市房地产开发经营管理条例》和其他有关规定。

4. 特种设备安全监察的规定

(1) 特种设备的定义和种类

特种设备的定义：特种设备是涉及生命安全、危险性较大的设备和设施的总称。

按"涉及生命安全、危险性较大"这两个基本特征，特种设备包括锅炉、压力容器（含气瓶，下同）、压力管道、电梯、起重机械、客运索道、大型游乐设施和场（厂）内专用机动车辆等八种设备。特种设备包括其所用的材料、附属的安全附件、安全保护装置和与安全保护装置相关的设施。具体界定为：

1）锅炉，是指利用各种燃料、电或者其他能源，将所盛装的液体加热到一定参数，并对外输出热能的设备。其范围规定为容积大于或者等于30L的承压蒸汽锅炉；出口水压大于或者等于0.1MPa（表压），且额定功率大于或者等于0.1MW的承压热水锅炉；有机热载体锅炉。

2）压力容器，指盛装气体或者液体，承载一定压力的密闭设备，其范围规定为最高工作压力大于或者等于0.1MPa（表压），且压力与容积的乘积大于或者等于2.5MPa·L的气体、液化气体和最高工作温度高于或者等于标准沸点的液体的固定式容器和移动式容器；盛装公称工作压力大于或者等于0.2MPa（表压），且压力与容积的乘积大于或者等于1.0MPa·L的气体、液化气体和标准沸点等于或者低于60℃液体的气瓶、氧舱等。

3）压力管道，是指利用一定的压力，用于输送气体或者液体的管状设备，其范围规定的最高工作压力大于或者等于0.1MPa（表压）的气体、液化气体、蒸汽介质或者可燃、易爆、有毒、有腐蚀性、最高工作温度高于或者等于标准沸点的液体介质，且公称直径大于25mm的管道。

4）电梯，是指动力驱动，利用沿刚性导轨运行的箱体或者沿固定线路运行的梯级（踏步），进行升降或者平行运送人、货物的机电设备，包括载人（货）电梯、自动扶梯、自动人行道等。

5）起重机械，是指用于垂直升降或者垂直升降并水平移动重物的机电设备，其范围规定的额定起重量大于或者等于0.5t的升降机；额定起重量大于或者等于1t，且提升高度大于或者等于2m的起重机和承重形式固定的电动葫芦等。

6）客运索道，是指动力驱动，利用柔性绳索牵引箱体等运载工具运送人员的机电设备，包括架空索道、客运缆车、客运拖牵索道等。

7）大型游乐设施，是指用于经营目的，承载乘客游乐的设施，其范围规定的设计最大运行线速度大于或者等于2m/s，或者运行高度距地面高于或者等于2m的载人大型游乐设施。

8）场（厂）内专用机动车辆，是指除道路交通、农用车辆以外仅在工厂厂区、旅游景区、游乐场所等特定区域使用的专用机动车辆。

(2) 特种设备的安装准入和告知

1）安装准入的条件

① 安装单位必须具有独立承担法律责任能力，即具有法人资格，持有工商行政管理等行政核发的营业执照，注册资金与申请范围相适应；安装单位必须具有固定的办公场所和通信地址。

② 法定代表人（或其授权代理人）应了解与特种设备有关的法律、法规、规章、安全技术规范和标准，对承担安装的特种设备质量和安全性能负全责。授权代理人应有法定代表人的书面授权委托书，并应注明代理事项、权限和时限等内容。

③ 应任命一名技术负责人，对本单位承担的特种设备安装质量进行把关；技术负责人应掌握特种设备的有关法律、法规、规章、安全技术规范和标准；具有国家承认的工程师（电气或机械专业）以上职称，并不得在其他单位兼职。

④ 应配备足够的现场质量管理人员，设立相应的现场质量管理机构，拥有一批满足申请作业需要的专业技术人员、质量检验人员和技术工人。技术工人中持相应作业类别特

种设备操作人员资格证书的人员数量应达到相应要求。

⑤ 法定代表人或授权代理人、技术负责人、质量检验人员和特种设备作业人员，应在负责批准安装许可的特种设备安全监督管理部门备案。

⑥ 应拥有满足申请作业需要的设备、工具和检测仪器，如必备的起重运输和焊接设备、计量器具、检测仪器、试验设备等。计量器具和检测仪器设备必须具有产品合格证，并在法定计量检定有效期内。安装过程中涉及土建、起重、脚手架架设和安装安全防护设施等专项业务，可以委托给具备相应资格的单位承担。对安装单位审查时，仅考核相应委托活动的管理制度建立情况。

⑦ 安装作业单位必须加强质量管理，结合本单位情况和申请安装设备的技术管理要求，建立质量保证体系，制定相关的管理制度，编制质量手册、质量保证体系程序和作业指导书等质量保证体系文件。

⑧ 安装作业单位应具有所申请作业范围的安装业绩，特种设备制造单位承担由本单位制造的设备安装时，在申请安装资格时可不受上述业绩限制。

2）生产的许可

① 特种设备的安装、改造、维修单位具备了生产条件后，还必须经国务院特种设备安全监督管理部门许可，取得资格，才能进行相应的生产活动。

② 锅炉和压力容器的安装单位必须经安全监督管理部门批准，取得相应级别的安装资质。

③ 电梯的安装、改造、维修，必须由电梯制造单位或者通过合同委托、同意的依照《条例》取得许可的单位进行。电梯制造单位对电梯质量以及安全运行涉及的质量问题负责。

3）安装前的告知

① 安装单位在进行电梯、锅炉、压力容器、起重机械等特种设备安装前，须到特种设备安全监督管理部门办理报装手续，将有关情况书面告知直辖市或设区的市级特种设备安全监督管理部门，否则不得施工。

② 告知的目的是便于安全监督管理部门审查从事活动的企业资格是否符合从事活动的要求；安装的设备是否由合法的生产单位制造（或改造），及时掌握特种设备的动态，并便于安排现场监督和检验工作。

（3）特种设备监督检验

1）监督检验的概念

监督检验是指特种设备制造、安装过程中，在企业自检合格的基础上，由国家特种设备监督管理部门核准的检验机构，按照安全技术规范对制造或安装单位进行的验证性检验，它属于强制性的法定检验。监督检验项目、合格标准、报告格式等已在安全技术规范中规定，监督检验收费应按照国家行政事业性收费标准执行，对于这些内容，被监督检验单位和监督检验单位均无权改变。

2）监督检验对象

监督检验的对象是：锅炉、压力容器、压力管道元件、起重机械、大型游乐设施的制造过程和锅炉、压力容器、电梯、起重机械、客运索道、大型游乐设施的安装、改造、重大维修过程。由于电梯和客运索道的制造主要由机械加工中心等专用设备生产，其质量受人为干扰较少，质量稳定，没有必要进行监督检验。

3）承担监督检验的主体

监督检验的主体由国家特种设备安全监督管理部门核准的检验检测机构承担。

4）监督检验的主要工作内容

① 确认核实制造、安装过程中涉及安全性能的项目，如材料、焊接工艺、焊工资格、力学性能、化学成分、无损探伤、水压试验、载荷试验、出厂编号和监检钢印等重要项目。

② 对出厂技术资料的确认。

③ 对受检单位质量管理体系运转情况抽查。

监督检验合格后，监督检验单位应按规定的期限出具监督检验报告，报告中包括上述三项内容和结论，同时对每台合格产品签发监督检验合格证书。未经监督检验合格的设备，不得出厂或者交付使用。

在锅炉、压力容器、电梯、起重机械、客运索道、大型游乐设施的安装、改造、维修以及场（厂）内专用机动车辆的改造、维修竣工后，安装、改造、维修的施工单位应当在验收后30日内将有关技术资料移交使用单位，高耗能特种设备还应当按照安全技术规范的要求提交能效测试报告。使用单位将其存入该特种设备的安全技术档案。特种设备的安装、改造、维修活动技术资料是说明其活动是否符合国家有关规定的证明材料，也涉及许多设备的安全性能参数。这些资料与设计、制造文件同等重要，必须及时移交使用单位。

5. 消防工程实施建设的规定

（1）城乡规划

1）做规划时应对消防安全布局、消防站、消防供水、消防通信、消防通道、消防装备等内容给以充分考虑，符合法律、法规、技术标准的规定。

2）如消防安全布局不符合消防安全要求的，应当调整、改善；公共消防设施、消防装备不足或者不适应实际需要的，应当整改，直至符合要求为止。

（2）工程设计

1）建设工程的消防设计必须符合国家工程建设消防技术标准。设计单位对消防设计的质量负责。

2）国务院公安部门规定的大型人员密集场所和其他特殊建设工程，建设单位应当将消防设计文件报送公安机关消防机构审核。

3）依法应当经公安机关消防机构进行消防设计审核的建设工程，未经审核或者审核不合格的，负责审批该工程施工许可的部门不得给予施工许可，建设单位不得开工建设，施工单位不得施工。

4）其他建设工程按照国家工程建设消防技术标准进行的消防设计，建设单位应当自依法取得施工许可之日起七个工作日内，将消防设计文件报公安机关消防机构备案，公安机关消防机构应当进行抽查消防设计文件。如抽查不合格的，虽获施工许可，应当停止施工。

5）公安消防机构审核或备案的消防设计文件的名录及具体办法应向工程所在地的有关部门查询落实确认，避免建设工作中发生失误而导致违法。

(3) 工程施工

1) 工程施工的消防设计文件应是依法经公安机关消防机构审核通过或是向公安机关消防机构备案的消防施工设计图纸，施工单位应当对施工质量负责，监理单位同样负有质量责任。

2) 消防工程施工用的产品（材料、设备）必须符合国家标准，没有国家标准的必须符合行业标准。不得使用不合格的消防产品以及国家明令淘汰的消防产品。

3) 消防工程验收

① 依法经公安机关消防机构审核消防设计的消防工程竣工后，建设单位应当向公安机关消防机构申请消防验收。

② 其他建设工程的消防工程建设单位在竣工验收后应当报公安机关消防机构备案，公安机关消防机构应当进行抽查。

③ 依法应当进行消防验收的建设工程，未经消防验收或者消防验收不合格的，禁止投入使用；其他建设工程经依法抽查不合格的，应当停止使用。

(4) 工程施工管理

1) 消防专业安装施工特殊工种必须经国家有关部门培训并经考核合格取得合格证的人员持证上岗，并严格遵守消防安全操作规程实施施工，如电工、电焊、气焊、设备吊装等国家规定的特殊工种。

2) 消防专业施工机具设备及检测设备的配置，必须符合消防工程项目施工内容的需要。

3) 消防项目的设计图纸必须经第三方审图机构或公安机关消防机构审核合格通过后，施工队伍方可进场开工，开工前必须由建设单位组织设计、监理和施工单位的有关技术管理人员对已经第三方审图机构或公安消防机构审核合格通过的施工图进行图纸会审，并应按以往施工经验对施工图进行必要的深化完善。

4) 施工安装单位必须按照第三方审图机构或公安机关消防机构审核通过的设计图纸和图纸会审纪要进行安装施工，不得擅自改动。如果建设单位确需有功能性变更时，建设单位应将变更的消防设计图纸报送原设计单位和相关的公安机关消防机构核准后方可进行施工。

5) 消防产品（材料、设备）的质量必须符合国家标准或者行业标准。施工企业必须使用经依照产品质量法的规定确定的检验机构检验合格的消防产品。消防产品进场时必须具备产品质保书、合格证及合格产品检验书，并报现场监理审核合格后方可用在消防安装工程上。

6) 消防工程的施工质量及验收标准必须符合现行消防法规及国家相关技术标准要求。

7) 消防工程施工过程中，必须遵守总包项目部制定的消防安全制度及消防安全生产施工操作规程，严格动火证制度，应主动接受当地公安消防监督机构的监督检查。

8) 消防工程竣工后，施工安装单位必须委托具备资格的建筑消防设施检测单位进行建筑消防设施检测，取得建筑消防设施技术测试报告。

建设单位应当向公安消防监督机构提出工程消防验收备案或申请的要求，并送交建筑消防设施技术测试报告，或填写《建筑工程消防验收申报表》，并由公安机关消防监督机构组织抽查或消防验收。

抽查或消防验收不合格的，施工单位不得交工，建筑物的所有者不得接受使用，经整改验收合格后或取得消防验收合格意见书后，施工单位方可将消防工程设施移交建设单位投入使用，并协助建设单位培训消防设施管理人员。

9）消防安装工程施工单位在消防安装工程保修期内，应主动对运行中的消防设施进行质量回访，及时解决运行中出现的质量问题。对非属施工原因造成的质量问题，施工单位也应积极主动协助建设单位予以帮助解决，确保消防设施运行正常。

6. 法定计量单位使用和计量器具检定

（1）法定计量单位

1）基本概念

① 中华人民共和国计量法明确指出，我国采用国际单位制，由国务院公布的国际单位制计量单位和国家选定的其他计量单位，为国家法定计量单位，同时废除和不再使用非国家法定计量单位。目的是保障国家计量单位的统一和量值的准确可靠，促使生产、贸易和科学技术健康发展，有利于我国现代化建设需要。

② 国际单位制的符号 SI，其是米制基础上发展起来的比较完善、科学、实用的单位制，可应用于各个科学技术领域和各个行业，从而代替了历史上遗留下来的几乎所有的单位制和单位。世界上绝大多数国家和一些国际性科学技术组织都已宣布采用，其中包括传统的英制国家。我国自改革开放以来，为融入国际社会和技术经济发展需要，自20世纪80年代初就开始推行国际单位制，到1985年9月以立法的形式进一步给予确定。

③ 国家选定的非国际单位制的法定计量单位，主要是依据我国的实际需要，目前尚未被国际计量局认定为 SI 单位。如时间量的分、小时、日（天），体积量的升，旋转速度量的转每分，面积量的公顷以及长度量的海里等，但海里只限于用在航行中。

④ 在推行法定计量单位使用的文件中，政府明确指出，只有两种情况可以使用非法定计量单位，并对英制单位提出必须限制使用的意见。

A. 出口商品所用计量单位，可根据合同使用，不受法定计量单位限制。

B. 个别科学技术领域中，如有特殊需要，可使用某些非法定计量单位，但必须与有关国际组织规定的名称、符号相一致。

由此可知，工程建设领域中的所有资料，包括应用的和技术的两大类资料都必须采用我国的法定计量单位。

2）工程中常用的法定计量单位

① 词头

仅有 SI 单位，并不能方便地实用于不同大小的量，而必须有其分数和倍数单位，由 SI 词头加 SI 单位构成，词头在任何情况下均不能单独使用，工程中常用的词头如表 1-1 所示。

工程中常用的词头　　　　　　　　　表 1-1

因　数	中文名称	符　号
10^6	兆	M
10^3	千	k
10^2	百	h

续表

因 数	中文名称	符 号
10^1	十	da
10^{-1}	分	d
10^{-2}	厘	c
10^{-3}	毫	m
10^{-6}	微	μ
10^{-9}	纳	n
10^{-12}	皮	p

② 单位

A. 长度　量的符号 l，L

a. 当具体化为其他同类量时，可以分别用不同量的符号，如宽度 b；高度 h；厚度 d，δ；半径 r；直径 d，D；程长 s；距离 d，r；直角坐标 x，y，z；曲率半径 ρ。

b. 常用单位：米 m；千米（公里）km；厘米 cm；毫米 mm；微米 μm；纳米 nm；海里 n mile，1 海里等于 1.852km。

B. 面积　量的符号 A，S

a. SI 单位为平方米 m^2。

b. 常用单位：平方公里 km^2；平方厘米 cm^2；平方毫米 mm^2；公顷 ha，hm^2，1 公顷等于 $10000m^2$。

C. 体积、容积　量的符号 V

a. SI 单位为立方米 m^3。

b. 常用单位：立方厘米 cm^3；升 L，1 升等于千分之一立方米。

D. 时间　量的符号 t

a. SI 单位为秒 s。

b. 常用单位：分 min；小时 h；日 d；年 a。

c. 周期用符号 T；时间常数用符号 τ。

E. 速度　量的符号 v，c

a. SI 单位为米每秒 m/s。

b. 常用单位：公里每小时 km/h；马赫 M，Ma，1 马赫近似为 340m/s、1200km/h。

F. 加速度　量的符号 a、重力加速度量的符号 g

a. SI 单位为米每二次平方秒 m/s^2。

b. 常用单位：厘米每二次平方秒 cm/s^2；标准重力加速度 g_n，数值为 $9.80665m/s^2$。

G. 频率　量的符号 f，v

a. SI 单位为赫兹 $Hz=1s^{-1}$。

b. 常用单位：千赫 kHz；兆赫 MHz。

H. 质量　量的符号 m

a. SI 单位为千克（公斤）kg。

b. 常用单位：毫克 mg；吨 t；1 吨为一千公斤。

c. 在化学、商贸、工程、医疗卫生等领域以及日常生活中，可按习惯把质量称为重量。

I. 密度　量的符号 ρ（包括质量密度和体积质量）。

a. SI 单位为千克每立方米 kg/m^3。

b. 常用单位：克每立方厘米 g/cm^3；克每毫升 g/ml。

J. 力　量的符号 F；重力　量的符号 W，P，G

a. SI 单位为牛（顿）N，$1N=1kg \cdot m/s^2$。

b. 常用单位：千牛 kN。

c. 重力特指获得重力加速度所受的力，故又称为重量。

K. 压力　量的符号 P

a. SI 单位为帕斯卡 Pa，$1Pa=1N/m^2=1kg/(m \cdot s^2)$。

b. 常用单位：兆帕 MPa，$1MPa=10^6 Pa=1N/mm^2$。

c. 表压用符号 ρ_e；环境压力用符号 ρ_{amb}。

L. 能、能量　量的符号 E

功　量的符号 W，A

动能　量的符号 E

a. SI 单位为焦耳 J，$1J=1N \cdot m$。

b. 常用单位：千瓦时 $kW \cdot h$，$1kW \cdot h=3.6MJ=3.6 \times 10^6 J$。

c. 过去表示热量的单卡及其倍数已不再使用。

M. 功率　量的符号 P

a. SI 单位为瓦特 W，$1W=1J/s=1V \cdot A$。

b. 常用单位：兆瓦 MW；千瓦 kW。

c. 米制 1 马力约等于 736W、英制 1 马力（HP）约等于 0.7355kW，均已不再使用。

N. 摄氏温度　量的符号 t，θ

SI 单位为℃，但不应简称为"度"。

O. 传热系数　量的符号 K，k

a. SI 单位为瓦特每平方米开尔文 $W/(m^2 \cdot K)$。

b. 常用单位：千瓦每平方米开尔文 $kW/(m^2 \cdot K)$；焦每平方米小时开尔文 $J/(m^2 \cdot h \cdot K)$。

c. 上述单位符号中的 K 可以用℃取代。

P. 电流　量的符号 I

a. SI 单位为安培 A。

b. 常用单位：千安 kA，毫安 mA，微安 μA。

c. 交流技术中符号 i 表示电流瞬时值，用 I 表示有效值。

Q. 电压　量的符号 U，V；电动势　量的符号 E

SI 单位为伏特 V。

R. 电阻　量的符号 R

a. SI 单位为欧姆 Ω。

b. 常用单位：兆欧 $M\Omega$。

S. 电容　量的符号 C

a. SI 单位为法拉 F。

b. 常用单位：微法 μF，皮法 pF。

T. 电感　量的符号 L，M

a. SI 单位为亨利 H。

b. 常用单位：毫亨 mH，微亨 μH。

U. 视在功率　量的符号 S

a. SI 单位为伏安 V·A。

b. 常用单位：千伏安 kV·A。

V. 电能　量的符号 W

a. SI 单位为焦耳 J，1J＝1W·s。

b. 常用单位：千瓦时 kW·h，兆瓦时 MW·h。

c. 在文件中不应称千瓦时为度。

W. 光照度、照度　量的符号 E，Ev

SI 单位为勒克斯 lx　1lx＝1lm/m²，lm 称为流明，指光通量的单位符号。

X. 声强级　量的符号 L_p

无 SI 单位，我国法定计量单位为分贝 dB。

(2) 计量器具检定

1) 计量器具

计量器具是指能用以直接或间接测出被测对象量值的装置、仪器仪表、量具和用于统一量值的标准物质，包括计量基准器具、计量标准器具和工作计量器具。

① 计量基准器具即国家计量基准器具，简称计量基准，是指用以复现和保存计量单位量值，经国务院计量行政部门批准作为统一全国量值最高依据的计量器具。

② 计量标准器具，简称计量标准，是指准确度低于计量基准的，用于检定其他计量标准或工作计量器具的计量器具。

③ 计量检定是指为评定计量器具的计量性能，确定其是否合格所进行的全部工作。

2) 计量检定

① 计量器具的检定，简称检定，是"查明和确认计量器具是否符合法定要求的程序，它包括检查、加标记和（或）出具检定证书"。依据检定的必要性程度，可分为强制检定和非强制检定。强制检定是由政府计量行政主管部门所属的法定计量检定机构或授权的计量检定机构，对社会公用计量标准，部门和企业、事业单位使用的最高计量标准，用于贸易结算、安全防护、医疗卫生、环境监测四个方面列入国家强制检定目录的工作计量器具，实行定点定期的一种检定。非强制检定则是由计量器具使用单位、委托具有社会公用计量标准或授权的计量检定机构，依法进行的一种检定。

② 计量检定必须按照国家计量检定系统表进行（《计量法》第十条）。国家计量检定系统表是自上而下进行量值传递的依据。量值传递，是"通过对计量器具的检定和校准，将国家基准所复现的计量单位量值经由各等级计量标准传递到工作计量器具，以保证对被测对象所测得的量值的准确和一致"的过程。量值传递是计量技术管理的中心环节。要保证量值在全国范围内准确一致，都能溯源到国家基准，就必须建立一个全国统一的科学的量值传递体系。这就一方面需要确定量值传递管理体制，另一方面要指定各种国家计量检

定系统表。

③ 计量检定必须执行计量检定规程。国家计量检定规程由国务院计量行政部门制定。没有国家计量检定规程的，由国务院有关主管部门和省、自治区、直辖市人民政府计量行政部门分别制定部门计量检定规程和地方计量检定规程，并向国务院计量行政部门备案。

3）专业人员职责

① 正确应用法定计量单位

严格地说，在施工经营活动中涉及计量的一切正式场合，都应使用法定计量单位。尤其是书面的计量检测记录。施工企业应规定计量检测数据的管理要求，包括工艺过程控制计量检测数据记录；试验报告、检定报告、安装记录或其他计量检测数据的记录；能源计量检测数据、大宗物料进出计量检测数据、原材料消耗计量检测数据、质量监督计量检测数据和安全检测记录；工程质量检验记录；环保检测记录等。这些检测数据应当准确、真实，填写规范，有关人员签证齐全。各类测量设备使用人员、经营核算人员都要求他们正确使用法定计量单位。

② 确保各类计量器具在有效期内使用

确保各类计量器具在有效期内使用的基本措施就是组织实施企业计量管理标准和有关制度。

A. 根据计量管理规定，只有通过确认并且合格的测量设备才能使用。测量设备的确认状态应以适当的方式加以标识。实行周期性确认的测量设备使用非永久性的标识，标识上注明确认日期或有效期。

B. 仓库保管员负责测量设备的分类、隔离存放，作好测量设备的借用记录登记，保证正确发放在有效期内的测量设备。

C. 测量设备使用人员应熟悉计量管理程序，熟悉测量设备分类原则和标记种类，领用合适类别的合格测量设备，正确使用测量设备、维护测量设备及标识。

D. 组织实施企业计量管理标准的部门、项目、工区计量员，除了防止计量器具的有效期外的非预期使用外，还要加强检查，发现非法使用计量器具的，有权下令停止使用，并提出处理意见。

（二）安装工程施工质量验收标准和规范

本节以《建筑工程施工质量验收统一标准》GB 50300—2013 为主线，对房屋建筑安装工程各专业的施工质量验收规范，做较具体而又简明的介绍。主要内容为强制性条文的规定、检测试验和试运行、交工验收的资料等方面。通过学习，可使质量员对工程质量的控制和工程验收有一个概貌上的认识。

1. 建筑工程施工质量验收统一标准

（1）概述

统一标准的编制是将有关建筑工程的施工及验收规范和其工程质量检验评定标准合并，组成新的工程质量验收规范体系。统一标准是统一建筑工程质量的验收方法、程序和质量指标。因而要求：

1）该标准是建筑工程各专业工程施工质量验收规范编制的统一准则。

2）建筑工程各专业施工质量验收规范必须与该标准配合使用。

该标准仅限于建筑工程的施工质量验收，不适用于设计或使用中的质量问题。

（2）单位工程、分部工程、分项工程的划分

1）单位工程

① 具备独立施工条件，并能形成独立使用功能的建筑物及构筑物为一个单位工程。

② 建筑规模较大的单位工程，可将其能形成独立使用功能的部分划为一个子单位工程。

③ 室外工程可根据专业类别和工程规模划分为单位（子单位）工程（见标准附录C）。

2）分部工程

① 分部工程的划分应按专业性质、建筑部位确定。

② 当分部工程较大或较复杂时，可按材料种类、施工特点、施工程序、专业系统及类别等划分为若干子分部工程。

3）分项工程

分项工程应按主要工种、材料、施工工艺、设备类别等进行划分。

（3）检验批的定义及划分

1）定义　按同一生产条件或按规定的方式汇总起来供检验用的，由一定数量样本组成的检验体。

2）划分　检验批可根据施工及质量控制和专业验收需要按楼层、施工段、变形缝等进行划分。若干检验批组成一个分项工程供施工质量验收。

（4）单位工程、分部工程、分项工程验收合格的规定

1）检验批验收合格的规定

① 主控项目和一般项目的质量经抽样检验合格。

② 具有完整的施工操作依据、质量检查记录（这里所说操作依据指施工工艺标准、规程等）。

2）分项工程验收合格的规定

① 分项工程所含的检验批均应符合合格质量的规定。

② 分项工程所含的检验批的质量验收记录应完整。

3）分部（子分部）工程验收合格的规定

① 分部（子分部）工程所含分项工程的质量均应验收合格。

② 质量控制资料应完整。

③ 地基与基础、主体结构、设备安装等分部工程有关安全及功能的检验和抽样检测结果应符合有关规定。

④ 观感质量应符合要求。

4）单位（子单位）工程验收合格的规定

① 单位（子单位）工程所含分部（子分部）工程的质量均应验收合格。

② 质量控制资料应完整。

③ 单位（子单位）工程所含分部工程有关安全和功能的检测资料应完整。

④ 主要功能项目的抽查结果应符合相关质量验收规范的规定。

⑤ 观感质量验收应符合要求。

(5) 验收的组织

1) 检验批及分项工程由监理工程师（建设单位项目技术负责人）组织施工单位项目专业质量（技术）负责人等进行验收。

2) 分部工程由总监理工程师（建设单位项目负责人）组织施工单位项目负责人和技术、质量负责人等进行验收；地基与基础、主体结构分部工程的勘察设计单位项目负责人和施工单位技术、质量部门负责人也应参加相关分部工程验收。

3) 单位工程由建设单位（项目）负责人组织施工（含分包单位）、设计、监理等单位（项目）负责人进行验收。

(6) 验收的程序

1) 单位工程完工后，施工单位自行组织有关人员进行检查评定，并向建设单位提交工程验收报告。

2) 建设单位收到工程验收报告后，组织有关人员对单位工程进行验收。

3) 单位工程质量验收合格后，建设单位在规定时间内将工程竣工验收报告和有关文件，报建设行政管理部门备案。

2. 建筑给水排水及采暖工程施工质量验收规范对质量验收的要求

(1) 概述

1) 现行的《建筑给水排水及采暖工程施工质量验收规范》GB 50242—2002 适用于房屋建筑的给水排水及采暖工程施工质量的验收，验收时要与 GB 50300—2013 统一标准配套使用。

2) 规范共有 14 章，其中 10 章为含有主控项目、一般项目的分项工程质量标准部分，共计有 29 个分项工程。

3) 规范共有条文 345 条，其中强制性条文有 20 条，占总条文数的比例为 6%。规范还有 6 个附录，除规范用词说明外，主要是明确分部分项工程划分和推荐用的验收记录表式。

(2) 强制性条文的主要内容

1) 第 3.3.3 条　地下室或地下构筑物外墙有管道穿过的，应采取防水措施。对有严格防水要求的建筑物，必须采用柔性防水套管。

为了地下室的使用安全，防止漏水发生严重损害，故作此规定。

2) 第 3.3.16 条　各种承压管道系统和设备应做水压试验，非承压管道系统和设备应做灌水试验。

水压试验可使系统和设备的强度得到保障，灌水试验可使系统和设备无使用中的渗漏现象，这是确保使用功能的必要条款。

3) 第 4.1.2 条　给水管道必须采用与管材相适应的管件。生活给水系统所涉及的材料必须达到饮用水卫生标准。

管材与管件相适应可使连接可靠而确保工程质量，生活给水系统的材料达标，可保护

4) 第4.2.3条　生产给水系统管道在交付使用前必须冲洗和消毒，并经有关部门取样检验，符合国家《生活饮用水标准》方可使用。

其目的同样是保护人们的健康和安全。

5) 第4.3.1条　室内消火栓系统安装完成后应取屋顶层（或水箱间内）试验消火栓和首层取二处消火栓做试射试验，达到设计要求为合格。

选取有代表性的三处做试射试验，以鉴别消火栓系统的消防功能是否达到预期功能，以确保建筑物的使用安全。

6) 第5.2.1条　隐蔽或埋地的排水管道在隐蔽前必须做灌水试验，其灌水高度应不低于底层卫生器具的上边缘或底层地面高度。

是为了确保使用功能的规定，并防止因返修而造成较大的损失。

7) 第8.2.1条　管道安装坡度，当设计未注明时，应符合下列规定：

① 气、水同向流动的热水采暖管道和气、水同向流动的蒸汽管道及凝结水管道，坡度应为3‰，不得小于2‰；

② 气水逆向流动热水采暖管道和气、水逆向流动的蒸汽管道，坡度不应小于5‰；

③ 散热器支管的坡度应为1%，坡向应有利于排气和泄水。

这是为使凝结水顺利排除，不致使采暖工程发生阻滞现象而失去正常使用功能所作的规定。

8) 第8.3.1条　散热器组对后，以及整组出厂的散热器在安装之前应作水压试验。试验压力如设计无要求时应为工作压力的1.5倍，但不小于0.6MPa。

这是为确保使用安全而作的规定。

9) 第8.5.1条　地面下敷设的盘管埋地部分不应有接头。

这是为确保使用功能，避免因修理造成较大损失而作的规定。

10) 第8.5.2条　盘管隐蔽前必须进行水压试验，试验压力为工作压力的1.5倍，但不小于0.6MPa。

这是为确保使用功能和使用安全，对低温热水地板辐射采暖系统工程所作的规定。

11) 第8.6.1条　采暖系统安装完毕，管道保温之前应进行水压试验。试验压力应符合设计要求。当设计未注明时，应符合下列规定：

① 蒸汽、热水采暖系统，应以系统顶点工作压力加0.1MPa作水压试验，同时在系统顶点试验压力不小于0.3MPa。

② 高温热水采暖系统，试验压力应为系统顶点工作压力加0.4MPa。

③ 使用塑料管及复合管的热水采暖系统，应以系统顶点工作压力加0.2MPa作水压试验，同时在系统顶点的试验压力不小于0.4MPa。

检验方法：使用钢管及复合管的采暖系统应在试验压力下10min内压力降不大于0.02MPa，降至工作压力后检查，不渗漏为合格。

使用塑料管的采暖系统应在试验压力下1h内压力降不大于0.05MPa，然后降压至工作压力的1.15倍，稳压2h，压力降不大于0.03MPa，同时各连接处不渗漏为合格。

这是为确保使用功能和使用安全而作的规定。

12) 第8.6.3条 系统冲洗完毕应充水、加热，进行试运行和调试。

这是为最终检验系统的功能是否符合设计的预期要求而作的规定。

13) 第9.2.7条 给水管道在竣工后，必须对管道进行冲洗，饮用水管道还要在冲洗后进行消毒，满足饮用水卫生要求。

对室外给水管网的冲洗和消毒是保证人们安全、健康用水的关键。

14) 第10.2.1条 排水管道的坡度必须符合设计要求，严禁无坡或倒坡。

这是关系到排水管道使用功能的关键。

15) 第11.3.3条 管道冲洗完毕应通水、加热，进行试运行和调试。当不具备加热条件时，应延期进行。

这是为最终检验室外供热管网的功能是否符合设计预期要求而作的规定。

16) 第13.2.6条 锅炉（供热锅炉）汽、水系统安装完毕后，必须进行水压试验。水压试验的压力应符合表1-2的规定。

水压试验压力规定　　　　　　　　　　　　　　　　　　　表1-2

项次	设备名称	工作压力 P（MPa）	试验压力（MPa）
1	锅炉本体	$P<0.59$	$1.5P$ 但不小于 0.2
		$0.59 \leqslant P \leqslant 1.18$	$P+0.3$
		$P>1.18$	$1.25P$
2	可分式省煤器	P	$1.25P+0.5$
3	非承压锅炉	大气压力	0.2

注：1. 工作压力 P 对蒸汽锅炉指锅筒工作压力，对热水锅炉指锅炉额定出水压力；
　　2. 铸铁锅炉水压试验同热水锅炉；
　　3. 非承压锅炉水压试验压力为 0.2MPa，试验期间压力应保持不变。

检验方法：

① 在试验压力下 10min 内压力降不超过 0.02MPa；然后降至工作压力进行检查，压力不降、不渗、不漏；

② 观察检查，不得有残余变形，受压元件金属壁和焊缝上不得有水珠和水雾。

供热锅炉水压试验目的是确保锅炉安全运行，防止发生运行中的事故。

17) 第13.4.1条 锅炉和省煤器安全阀的定压和调整应符合表1-3的规定。锅炉上装有两个安全阀时，其中的一个按表中较高值定压，另一个按较低值定压。装有一个安全阀时，应按较低值定压。

安全阀定压规定　　　　　　　　　　　　　　　　　　　表1-3

项次	工作设备	安全阀开启压力（MPa）
1	蒸汽锅炉	工作压力+0.02MPa
		工作压力+0.04MPa
2	热水锅炉	1.12倍工作压力，但不少于工作压力+0.07MPa
		1.14倍工作压力，但不少于工作压力+0.10MPa
3	省煤器	1.1倍工作压力

这是为锅炉安全运行作出的规定。

18）第13.4.4条 锅炉的高、低水位报警器和超温、超压报警器及联锁保护装置必须按设计要求安装齐全和有效。

可以做到锅炉运行异常及时报警，并起到联锁保护作用，使锅炉运行处于有效监督下，以保证运行安全。

19）第13.5.3条 锅炉在烘炉、煮炉合格后，应进行48h的带负荷连续试运行，同时应进行安全阀的热状态定压检验和调整。

这是对设备制造、工程设计、施工质量进行全面综合检验的重要手段。

20）第13.6.1条 热交换器应以最大工作压力的1.5倍作水压试验，蒸汽部分应不低于蒸汽供汽压力加0.3MPa；热水部分应不低于0.4MPa。

这是为确保热交换器运行安全而作的规定。

（3）检测、试验和试运行

1）应检测的主要部位（以主控项目为主）

① 管道穿过结构伸缩缝、抗震缝及沉降缝时，管道或保温外皮上、下留有不小于150mm的净空。

② 管道滑动支架，滑托与滑槽两侧间应留有3～5mm的间隙。

③ 弯制钢管，其弯曲半径应：

A. 热弯，不小于管道外径的3.5倍。

B. 冷弯，不小于管道外径的4倍。

C. 焊接弯头，不小于管道外径的1.5倍。

D. 冲压弯头，不小于管道外径。

④ 承插管道用水泥捻口，应密实，接口面凹入承口边缘深度不得大于2mm。

⑤ 消火栓的栓口中心距地面1.1m。

⑥ 生活污水铸铁管的坡度如表1-4所示。

生活污水铸铁管道的坡度   表1-4

项 次	管径（mm）	标准坡度（‰）	最小坡度（‰）
1	50	35	25
2	75	25	15
3	100	20	12
4	125	15	10
5	150	10	7
6	200	8	5

⑦ 生活污水塑料管的坡度如表1-5所示。

生活污水塑料管的坡度   表1-5

项 次	管径（mm）	标准坡度（‰）	最小坡度（‰）
1	50	25	12
2	75	15	8
3	100	12	6
4	125	10	5
5	160	7	4

⑧ 排水塑料管的伸缩节间距如设计未作规定，应为4m。

⑨ 悬吊式雨水管道的敷设坡度不得小于5‰，埋地雨水管道的最小坡度如表1-6所示。

地下埋设雨水排水管道的最小坡度　　　　　　　　　　表1-6

项 次	管径（mm）	最小坡度（‰）
1	50	25
2	75	15
3	100	8
4	125	6
5	150	5
6	200～400	4

⑩ 地漏水封高度不小于50mm。

⑪ 采暖用水平辐射板应有不小于5‰的坡度坡向回水管。

⑫ 室外给水管在无冰冻地区敷设时，管顶覆土不小于500mm，穿越道路处管顶覆土不小于700mm。

⑬ 室外给水系统各井室内管道安装，井壁距法兰或承口的距离，管径小于或等于450mm时，不小于250mm，管径大于450mm时，不小于350mm。

⑭ 设在通车路面下或小区道路下的各种井室，其井盖应与路面相平，允许偏差±5mm，不通车的地方，井盖应高出地坪50mm，并四周有水泥护坡，坡度为2%。

⑮ 重型铸铁或混凝土井圈，与井室砖墙间应有80mm厚的细石混凝土垫层。

⑯ 游泳池的过滤筒（网）的孔径不大于3mm，其面积应为连接管截面积的1.5～2倍。

⑰ 锅炉风机试运转，滑动轴承的温度不大于60℃，滚动轴承的温度不大于80℃。

⑱ 轴承在试运转时径向单振幅为：

A. 风机转速小于1000r/min，小于0.1mm。

B. 风机转速为1000r/min～1450r/min，小于0.08mm。

⑲ 锅炉房的地下直埋油罐埋地前气密性试验的压力降不小于0.03MPa。

⑳ 锅炉及辅助设备的主要操作通道不小于1.5m，辅助操作通道不小于0.8m。

㉑ 锅炉及附件的压力表刻度极限值应大于或等于工作压力的1.5倍，表盘直径不小于100mm。

㉒ 水位表的玻璃板（管）最低可见边缘应比最低水位低25mm，最高可见边缘应比最高水位高25mm。

㉓ 锅炉火焰烘炉时间一般不少于4d，后期烟温不应高于160℃，且持续时间不少于24h，烘炉结束，炉墙砌筑砂浆含水率达到7%以下。

2）应试验的项目

① 承压管道系统和设备应做水压试验，非承压管道系统和设备应做灌水试验。

② 排水立管及水平干管应做通球试验。

③ 室内消火栓系统应做试射试验。

④ 阀门安装前，在同牌号、同型号或同规格中抽10%（且不少于一个）做强度和严

密性试验。

⑤ 给水系统的通水试验，卫生器具的满水和通水试验。

3）应单机试运转项目为各类泵和风机。

4）应系统试运行及调试的项目为室内采暖系统、室外供热管网和供热锅炉及其附属设备。

（4）交工验收用的质量资料

1）质量控制资料

① 图纸会审、设计变更、洽商记录。

② 材料配件出厂合格证书及进场检（试）验报告。

③ 管道、设备强度试验、严密性试验记录。

④ 隐蔽工程验收表（记录）。

⑤ 系统清洗、灌水、通水、通球试验记录。

⑥ 施工记录。

⑦ 分项、分部工程质量验收记录。

2）工程安全和功能检验及主要功能抽查记录

① 给水管道通水试验记录。

② 暖气管道、散热器压力试验记录。

③ 卫生器具满水试验记录。

④ 消防管道、燃气管道压力试验记录。

⑤ 排水干管通球试验记录。

3）观感质量检查记录

检查部位包括：

① 管道接口、坡度、支架。

② 卫生器具、支架、阀门。

③ 检查口、扫除口、地漏。

④ 散热器、支架。

3. 建筑电气工程施工质量验收规范对质量验收的要求

（1）概述

1）现行的《建筑电气工程施工质量验收规范》GB 50303—2002 适用于满足建筑物预期使用功能要求的电气安装工程施工质量验收，适用电压等级为 10kV 及以下。验收时要与 GB 50300—2013 统一标准配套使用。

2）规范共有 28 章，其中 24 章为含有主控项目、一般项目的分项工程质量标准部分。共计有 24 个分项工程。

3）规范共有条文 275 条，其中强制性条文有 16 条，占总条文数的比例为 6%。规范有 5 个附录，主要为正文的有关各条作技术性的补充说明。

（2）强制性条文的主要内容

1）第 3.1.7 条　接地（PE）或接零（PEN）支线必须单独与接地（PE）或接零

(PEN) 干线相连接,不得串联连接。

这是为确保用电设备在任何情况下均能得到可靠的保护接地,以防止发生人身触电事故而设立的安全规定。

2) 第3.1.8条 高压的电气设备和布线系统及继电保护系统的交接试验,必须符合现行国家标准《电气装置安装工程电气设备交接试验标准》GB150的规定。

只有按GB150标准的规定做高压系统的电气交接试验,且试验结果合格,高压系统才能受电投入运行。

3) 第4.1.3条 变压器中性点应与接地装置引出干线直接连接,接地装置的接地电阻值必须符合设计要求。

直接连接指中间无任何过渡物件,接地装置的接地电阻值由施工设计图纸作出规定。

4) 第7.1.1条 电动机、电加热器及电动执行机构的可接近裸露导体必须接地(PE)或接零(PEN)。

这是为人身安全,防止发生使用中的触电事故而作的规定。

5) 第8.1.3条 柴油发电机馈电线路连接后,两端的相序必须与原供电系统的相序一致。

柴油发电机属应急备用电源,投运后应保持用电设备的功能不发生改变。

6) 第9.1.4条 不间断电源输出端的中性线(N极),必须与由接地装置直接引来的接地干线相连接,做重复接地。

不间断电源由直流逆变为三相交流电,其中性线接地必须可靠,以保持三相电压的均衡。

7) 第11.1.1条 绝缘子的底座、套管的法兰、保护网(罩)及母线支架等可接近裸露导体应接地(PE)或接零(PEN)可靠。不应作为接地(PE)或接零(PEN)的接续导体。

这是为确保运行安全和人身安全而作的规定。

8) 第12.1.1条 金属电缆桥架及其支架和引入或引出的金属电缆导管必须接地(PE)或接零(PEN)可靠,且必须符合下列规定:

① 金属电缆桥架及其支架全长应不少于2处与接地(PE)或接零(PEN)干线相连接。

② 非镀锌电缆桥架间连接板的两端跨接铜芯接地线,接地线最小允许截面积不小于$4mm^2$。

③ 镀锌电缆桥架间连接板的两端不跨接接地线,但连接板两端不少于2个有防松螺帽或防松垫圈的连接固定螺栓。

这是为确保电气运行安全,防止人身触电事故发生而作出的规定。

9) 第13.1.1条 金属电缆支架、电缆导管必须接地(PE)或接零(PEN)可靠。

这是为确保电气运行安全,防止人身触电事故发生而作出的规定。

10) 第14.1.2条 金属导管严禁对口熔焊连接;镀锌和壁厚小于等于2mm的钢导管不得套管熔焊连接。

为保证连接接口质量,又不损坏防腐镀层,使管内不产生妨碍穿线或穿线时割破电线绝缘层的现象，以保证工程质量和使用寿命。

11) 第 15.1.1 条　三相或单相的交流单芯电缆，不得单独穿于钢导管内。

这是为防止产生涡流现象而引发运行中的事故而作的规定。

12) 第 19.1.2 条　花灯吊钩圆钢直径不应小于灯具挂销直径，且不应小于 6mm。大型花灯的固定及悬吊装置，应按灯具重量的 2 倍做过载试验。

这是为保证大型灯具安装固定可靠，使在运行中不发生坠落伤人事故而作的规定。

13) 第 19.1.6 条　当灯具距地面高度小于 2.4m 时，灯具的可接近裸露导体必须接地（PE）或接零（PEN）可靠，并应有专用接地螺栓，且有标识。

这是为防止发生人身触电事故而作的规定。

14) 第 21.1.3 条　建筑物景观照明灯具安装应符合下列规定：

① 每套灯具的导电部分对地绝缘电阻值大于 2MΩ。

② 在人行道等人员来往密集场所安装的落地式灯具，无围栏防护，安装高度距地面 2.5m 以上。

③ 金属构架和灯具的可接近裸露导体及金属软管的接地（PE）或接零（PEN）可靠，且有标识。

这是为确保电气运行安全，避免发生触电或灼伤等人身安全事故的发生而作的规定。

15) 第 22.1.2 条　插座接线应符合下列规定：

① 单相两孔插座，面对插座的右孔或上孔与相线连接，左孔或下孔与零线连接；单相三孔插座，面对插座的右孔与相线连接，左孔与零线连接。

② 单相三孔、三相四孔及三相五孔插座的接地（PE）或接零（PEN）线接在上孔。插座的接地端子不与零线端子连接。同一场所的三相插座，接线的相序一致。

③ 接地（PE）或接零（PEN）线在插座间不串联连接。

插座基本上为移动电气器具所使用，其接线位置必须与电气器具内接线相适配，共同遵守同一规则，可以保证安全用电，否则必然导致发生电器使用安全事故。

16) 第 24.1.2 条　测试接地装置的接地电阻值必须符合设计要求。

这是为确保电气工程运行安全而作的规定。

(3) 检测、试验和试运行

1) 应检测的主要部位（以主控项目为主）

① 成套灯具的绝缘电阻、内部接线等现场抽样检测，灯具绝缘电阻值不小于 2MΩ，灯具内部接线用电线截面积不小于 0.5mm^2，橡胶或塑料绝缘层的厚度不小于 0.6mm。

② 对照明开关、插座的电气和机械性能进行现场抽样检测，检测规定如下：

A. 不同极性带电部件间的电气间隙和爬电距离不小于 3mm；

B. 绝缘电阻值不小于 5MΩ；

C. 用自攻锁紧螺钉或自切螺钉安装的，螺钉与软塑固定件旋合长度不小于 8mm，软塑固定件在经受 10 次拧紧退出试验后，无松动或掉渣，螺钉及螺纹无损坏现象；

D. 金属间相旋合的螺钉螺母，拧紧后完全退出，反复 5 次仍能正常使用。

③ 按制造标准，现场抽样检测绝缘层厚度和圆形线芯的直径；线芯直径误差不大于标称直径的 1%；常用的 BV 型绝缘电线的绝缘层厚度不小于表 1-7 的规定。

BV型绝缘电线的绝缘层厚度　　　　　　　　　表1-7

序　号	1	2	3	4	5	6	7	8	9	10	11	12	13	14	15	16	17
电线芯线标称截面积（mm^2）	1.5	2.5	4	6	10	16	25	35	50	70	95	120	150	185	240	300	400
绝缘层厚度规定值（mm）	0.7	0.8	0.8	0.8	1.0	1.0	1.2	1.2	1.4	1.4	1.6	1.6	1.8	2.0	2.2	2.4	2.6

注：因制造标准已将线径大小粗细，改为直流电阻值的测定，所以现场抽样检测的方法和判定要作相应的调整。

④ 对导管要按制造标准抽样检测管径、壁厚及均匀度。

⑤ 架空线路的电杆坑、拉线坑的坑深度，不深于设计深度100mm，不浅于设计深度50mm。

⑥ 架空线路的弧垂值允许偏差为设计值的±5%，水平排列的同档线间弧垂值偏差±50mm。

⑦ 低压0.4kV及以下线路的绝缘测定。

A. 绝缘电阻测定：相间、相对地间绝缘电阻值大于0.5MΩ。

B. 耐压试验：工频耐压试验电压为1kV，当绝缘电阻值大于10MΩ，可用2500V兆欧表摇测替代，试验持续时间1min，以无击穿闪络现象为合格。如绝缘电阻值在1～10MΩ，用1000V兆欧表替代2500V兆欧表。

⑧ 变配所盘柜的二次回路绝缘电阻值大于1MΩ。

⑨ 照明配电箱内的漏电保护器（装置）动作电流不大于30mA，动作时间不大于0.1s。

⑩ 100kW以上的三相交流异步电动机，应测量各相线圈直流电阻，相互差不大于最小值的2%，如无中性点引出，则测量线间的直流电阻值，相互差不大于最小值的1%。

⑪ 低压柴油发电机的塑料绝缘馈电电缆的耐压试验，工频电压2.4kV，时间15min，泄漏电流稳定，无击穿现象。

⑫ 母线搭接连接用的钢制螺栓平垫圈间的间隙大于3mm。

⑬ 封闭母线的母线（导体）与外壳同心，允许偏差为±5mm。

⑭ 当绝缘导管在砌体上剔槽敷设时，应采用强度等级不小于M10的水泥砂浆抹面保护，保护层的厚度大于15mm。

⑮ 当钢管做（吊灯）灯杆时，钢管内径不小于10mm，管壁厚度不小于1.5mm。

⑯ 敞开式灯具的灯头，对地面的距离为：

A. 室外不小于2.5m（室外墙上安装）。

B. 厂房内不小于2.5m。

C. 室内不小于2m（办公室、学校、宿舍等）。

注：采用安全电压的灯具除外，不受此规定的限制。

⑰ 应急照明在正常电源断电后，电源转换时间为：疏散照明≤15s；备用照明≤15s（金融商店交易所≤1.5s）；安全照明≤0.5s。

⑱ 疏散标志灯在疏散通道上间距不大于20m，人防工程的不大于10m。

⑲ 霓虹灯的灯管及其变压器二次电线离建筑物表面距离不小于20mm。

⑳ 航空障碍标志灯装在烟囱顶上时,要低于烟囱口 1.5~3m。
㉑ 安装在潮湿场所插座高度不低于 1.5m。
㉒ 吊扇扇叶距地面高度不小于 2.5m。
㉓ 照明通电试运行的时间:
A. 公用建筑为 24h。
B. 民用住宅为 8h。
㉔ 防雷接地的人工接地装置,接地干线埋设,经人行通道时,埋深不小于 1m。
㉕ 等电位联结的线路最小允许截面如表 1-8 规定。

线路最小允许截面(mm^2)　　　　　表 1-8

材料	截面	
	干线	支线
铜	16	6
钢	50	16

2) 应试验的项目
① 动力和照明工程的漏电保护装置应做模拟动作试验。
② 高压的电气设备和布线系统及继电保护系统要做交接试验。
③ 低压的电气设备和布线系统要做交接试验。
④ 备用电源或事故照明电源要做空载自动投切试验和有载自动投切试验。
⑤ 柴油发电机组的发电机要按规范附录 A 的规定做交接试验。
⑥ 不间断电源的输入、输出各级保护系统和输出的电压稳定性、波形畸变系数、频率、相位、静态开关动作等技术性能指标要做试验和调整。
⑦ 现场单独安装的低压电器要做交接试验。
⑧ 高压电力电缆的直流耐压试验。
⑨ 大型花灯悬吊装置过载试验。
⑩ 避雷带支持件的垂直承受拉力试验。

3) 应试运行的项目
① 建筑电气工程的动力工程空载试运行和负荷试运行。
② 照明工程的负荷(通电)试运行。
③ 低压电气动力设备试运行。

(4) 交工验收用的质量资料
1) 质量控制资料
① 图纸会审、设计变更、洽商记录。
② 材料、设备出厂合格证书及进场检(试)验报告。
③ 设备调试记录。
④ 接地、绝缘电阻测试记录。
⑤ 隐蔽工程验收表(记录)。
⑥ 施工记录。
⑦ 分项、分部工程质量验收记录。

2) 工程安全和功能检验资料核查及主要功能抽查记录

① 照明全负荷试验记录。

② 大型灯具牢固性试验记录。

③ 避雷接地电阻测试记录。

④ 线路、插座、开关接地检验记录。

3) 观感质量检查记录

检查部位包括：

① 配电箱、盘、板、接线盒。

② 设备、器具、开关、插座。

③ 防雷、接地。

4. 通风与空调工程施工质量验收规范对质量验收的要求

（1）概述

1) 现行的《通风与空调工程施工质量验收规范》GB 50243—2002 适用于建筑工程通风与空调工程施工质量的验收。验收时要与 GB 50300—2013 统一标准配套使用。

2) 规范共有 13 章，其中 8 章为含有主控项目、一般项目的分项工程质量标准部分。共计有 21 个分项工程。

3) 规范共有条文 254 条，其中强制性条文有 14 条，占总条文数的比例为 6%。规范有 3 个附录，主要为正文中提到的测试要求的具体说明及推荐应用的质量验收记录表式。

（2）强制性条文的主要内容

1) 第 4.2.3 条 防火风管的本体、框架与固定材料、密封垫料必须为不燃材料，其耐火等级应符合设计的规定。

这是为建筑物使用安全和保障使用建筑物的人的安全而作的规定。

2) 第 4.2.4 条 复合材料风管的覆面材料必须为不燃材料，内部的绝热材料应为不燃或难燃 B_1 级，且对人体无害的材料。

这是为保证工程使用中的防火安全性能和人身健康而作的规定。

3) 第 5.2.4 条 防爆风阀的制作材料必须符合设计规定，不得自行替换。

防爆风阀使用在易燃易爆场所，其制作用料有严格要求，否则会造成使用中的严重后果，即会导致发生重大安全事故。

4) 第 5.2.7 条 防排烟系统柔性短管的制作材料必须为不燃材料。

这是为确保发生火灾时防排烟系统的功能有效性而作的规定。

5) 第 6.2.1 条 在风管穿过需要封闭的防火、防爆的墙体或楼板时，应设预埋管或防护套管，其钢板厚度不应小于 1.6mm。风管与防护套管之间，应用不燃且对人体无危害的柔性材料封堵。

这是为确保用安全而作的规定。

6) 第 6.2.2 条 风管安装必须符合下列规定。

① 风管内严禁其他管线穿越。

② 输送含有易燃、易爆气体或安装在易燃、易爆环境的风管系统应有良好的接地，

通过生活区或其他辅助生产房间时必须严密,并不得设置接口。

③ 室外立管的固定拉索严禁拉在避雷针或避雷网上。

这是为确保使用安全而作的规定。

7) 第 6.2.3 条 输送空气温度高于 80℃ 的风管,应按设计规定采取防护措施。

这是为确保使用安全防止发生人身伤害事故而作的规定。

8) 第 7.2.2 条 通风机传动装置的外露部位以及直通大气的进、出口,必须装设防护罩(网)或采取其他安全措施。

这是为确保使用安全,防止发生人身伤害事故而作的规定。

9) 第 7.2.7 条 静电空气过滤器金属外壳接地必须良好。

这是为确保使用安全而作的规定。

10) 第 7.2.8 条 电加热器的安装必须符合下列规定。

① 电加热器与钢构架间的绝热层必须为不燃材料;接线柱外露的应加设防护罩。

② 电加热器的金属外壳接地必须良好。

③ 连接电加热器的风管的法兰垫片,应采用耐热不燃材料。

这是为确保使用安全防止发生触电、火灾事故而作的规定。

11) 第 8.2.6 条 燃油管道系统必须设置可靠的防静电接地装置,其管道法兰应采用镀锌螺栓连接或在法兰处用铜导线进行跨接,且接合良好。

这是为确保使用安全,防止因静电引起发生火灾事故而作的规定。

12) 第 8.2.7 条 燃气系统管道与机组的连接不得使用非金属软管。燃气管道的吹扫和压力试验应为压缩空气或氮气,严禁用水。当燃气供气管道压力大于 0.005MPa,焊缝的无损检测的执行标准应按设计规定。当设计无规定,且采用超声波探伤时,应全数检测,以质量不低于 Ⅱ 级为合格。

这是为使制冷设备能安全运行,避免发生燃爆事故而作的规定。

13) 第 11.2.1 通风与空调工程安装完毕,必须进行系统的测定和调整(简称调试)。系统调试应包括下列项目:

① 设备单机试运转及调试。

② 系统无生产负荷下的联合试运转及调试。

这是为确保通风与空调工程的预期使用性能而作的规定。

14) 第 11.2.4 条 防排烟系统联合试运行与调试的结果(风量及正压),必须符合设计与消防的规定。

防排烟系统是发生火灾的救生系统重要组成部分,涉及人身和财产安全,故作此规定。

(3) 检测、试验和试运行

1) 应检测的主要部位(以主控项目为主)

① 风管的强度检测,应能在 1.5 倍工作压力下接缝处无开裂。

② 各类风管风道的漏风量检测应符合规范的规定。

③ 风管系统安装后,必须进行严密性检验,检验以主、干管为主,在加工工艺得到保证的前提下,低压风管系统可用漏光法检测。

④ 防火分区隔墙两侧的防火阀,距墙表面不应大于 200mm。

⑤ 现场组装的组合式空气调节机组应做漏风量检测，其结果符合《组合式空调机组》GB/T 14294 的规定。

⑥ 现场组装的除尘器壳体应做漏风量检测，在设计工作压力下，允许漏风率为 5%，如为离心式除尘器，则允许漏风率为 3%。

⑦ 高效过滤器安装前需仪器检漏，调试前应扫描检漏。

⑧ 制冷剂管道的坡度必须符合设计及设备技术文件要求，如设计无规定时，应按表 1-9 规定执行。

制冷剂管道坡度、坡向　　　　　表 1-9

管道名称	坡 向	坡 度
压缩机吸气水平管（氟）	压缩机	≥10/1000
压缩机吸气水平管（氨）	蒸发器	≥3/1000
压缩机排气水平管	油分离器	≥10/1000
冷凝器水平供液管	贮液器	(1～3)/1000
油分离器至冷凝器水平管	油分离器	(3～5)/1000

⑨ 制冷系统投入运行前，应对安全阀进行调试校核，其开启和回座压力应符合设备技术文件要求。

⑩ 氨制冷剂的管道焊缝，应进行 10% 的抽检射线检查，亦可用超声波检验代替，以不低于Ⅱ级为合格。

⑪ 电加热器前后 800mm 的风管和绝热层及穿越防火隔墙两侧 2m 的风管和绝热层必须采用不燃材料。

2）应试验的项目

① 风机盘管机组安装前宜进行单机三速试运转和水压检漏试验，试验压力为工作压力的 1.5 倍，历时 2min，不渗漏为合格。

② 组装式制冷机组和现场充注制冷剂的机组，必须做气密性试验、真空试验、充制冷剂后检漏试验，以符合产品技术要求为合格。

③ 制冷管道系统应做强度试验、气密性试验和真空试验。

④ 制冷管道系统的阀门安装前要做强度试验和严密性试验。强度试验压力为阀门公称压力的 1.5 倍，历时 5min，严密性试验压力为阀门公称压力 1.1 倍，历时 30s，均以不渗不漏为合格。

⑤ 空调水系统管道系统安装完毕应按设计要求做水压试验。如设计无规定时，应符合下列规定：

A. 冷热水、冷却水系统的试验压力，当工作压力小于等于 1.0MPa 时为工作压力的 1.5 倍，但最低不小于 0.6MPa，当工作压力大于 1.0MPa 时，为工作压力加 0.5MPa。

B. 对大型或高层建筑宜采用分区分层试压和系统试压相结合的方法。

分区分层试压在试验压力下稳压 10min，压力不得下降，再将系统压力降至工作压力，在 60min 内压力不得下降，以不渗不漏为合格。

系统试压，试验压力以最低点的压力为准。压力达到试验压力后，稳压 10min，压力降不得大于 0.02MPa，再将系统降至工作压力，经外观检查，以不渗不漏为合格。

C. 各类受压塑料管的强度试验压力为 1.5 倍工作压力,严密性试验压力为 1.15 倍工作压力。

D. 凝结水系统采用充水试验,以不渗不漏为合格。

⑥ 空调水系统对于工作压力大于 1.0MPa 及在主干管上起切断作用的阀门应进行强度和严密性试验。

A. 强度试验压力为阀门公称压力 1.5 倍,历时不少于 5min,阀门壳体及填料应无渗漏。

B. 严密性试验压力为阀门公称压力 1.1 倍,试验压力在试验持续时间内(见表 1-10)保持不变,以阀瓣密封面无渗漏为合格。

阀门压力持续时间　　　　　　　表 1-10

公称直径 DN(mm)	最短试验持续时间(s)	
	严密性试验	
	金属密封	非金属密封
≤50	15	15
65~200	30	15
250~450	60	30
≥500	120	60

⑦ 空调水系统的水箱、集水缸、分水缸、储冷罐等的满水试验或灌水试验必须符合设计要求。

3) 应试运行的项目

① 单机试运转的设备有风机、水泵、冷却塔、制冷机组、单元式空调机组、电动防火阀、防排烟风阀、风机盘管机组、风冷热泵等。

② 空调系统无生产负荷联合试运行。

③ 防排烟系统联合试运行。

(4) 交工验收用的质量资料

1) 质量控制资料

① 图纸会审、设计变更、洽商记录。

② 材料、设备出厂合格证书及进场检(试)验报告。

③ 制冷、空调、水管道强度试验、严密性试验记录。

④ 隐蔽工程验收表(记录)。

⑤ 制冷设备运行调试记录。

⑥ 通风、空调系统调试记录。

⑦ 施工记录。

⑧ 分项、分部工程质量验收记录。

2) 工程安全和功能检验资料核查及主要功能抽查记录

① 通风、空调系统试运行记录。

② 风量、温度测试记录。

③ 洁净室洁净度测试记录。

④ 制冷机组试运行调试记录。
3）观感质量检查记录
检查部位包括：
① 风管、支架。
② 风口、风阀。
③ 风机、空调设备。
④ 阀门、支架。
⑤ 水泵、冷却塔。
⑥ 绝热层。

5. 建筑智能化工程质量验收规范对质量验收的要求

（1）概述

1）现行的《智能建筑工程质量验收规范》GB 50339—2013 适用于建筑工程的新建、扩建和改建工程中的智能建筑工程（建筑智能化工程）质量验收。验收时要与 GB 50300—2013 统一标准配套使用。

2）规范共有 22 章，以 19 个子分部工程为主线进行编写，删去了原规范对分项工程分为主控项目、一般项目的规定。明确了每个子分部工程所含的分项工程，合计有 109 个分项工程。

3）规范第 3 章的 3、4 为分部（子分部）工程验收，其第 3、4、7 条对验收合格的判定，判定的标准与统一标准是相异的，因而可以理解，建筑智能化工程的分项、分部（子分部）工程的验收按规范规定执行，在参与单位工程验收时，应按统一标准的规定执行。

4）规范共有条文 194 条，其中强制性条文有 2 条，占总条文数的比例为 1%，规范有 4 个附录，均为推荐的记录表式。

（2）强制性条文主要内容

1）第 12.0.2 条 当紧急广播系统具有火灾应急广播功能时，应检查传输线缆、槽盒和导管的防火保护措施。

这是为确保发生火灾时能在一定时限下运行安全作的规定。

2）第 22.1.4 条 智能建筑的接地系统必须保证建筑内各智能化系统的正常运行和人身、设备安全。

这是为确保智能化工程运行安全和使用智能化设施的人的安全而作的规定。

6. 自动喷水灭火系统施工及验收规范对质量验收的要求

（1）概述

1）现行的《自动喷水灭火系统施工及验收规范》GB 50261—2005 适用于工业及民用建筑中设置的自动喷水灭火系统的施工、验收及维护管理。虽然该规范颁行较迟，但从其前言可知，在编写格式、技术内容要求及记录表格等，还包括验收组织和程序，是与统一标准协调一致的，成为一个独立的分部工程。所以工程验收时要参照统一标准的规定执行。

2) 规范共有9章，其中4章为含有主控项目、一般项目的分项工程质量标准部分，共计有17个分项工程。

3) 规范共有条文150条，其中强制性条文有8条，占总条文数的比例为5%，规范有7个附录，主要是分部分项工程划分和推荐使用的检查记录表式。

(2) 强制性条文主要内容

1) 第3.1.2条 自动喷水灭火系统的施工必须由相应等级资质的施工队伍承担。

施工队伍的素质是确保工程质量的关键，工程质量有保证，则建筑物防火安全有了可靠保障。

2) 第3.2.3条 喷头的现场检验应符合下列要求：

① 喷头的商标、型号、公称动作温度、响应时间指数（RTI）、制造厂及生产日期等标志应齐全。

② 喷头的型号、规格等应符合设计要求。

③ 喷头外观应无加工缺陷和机械损伤。

④ 喷头螺纹密封面应无伤痕、毛刺、缺丝或断丝现象。

⑤ 闭式喷头应进行密封性能试验，以无渗漏、无损伤为合格。试验数量宜从每批中抽查1%，但不得少于5只，试验压力应为3.0MPa；保压时间不得少于3min。当两只及两只以上不合格时，不得使用该批喷头。当仅有一只不合格时，应再抽查2%，但不得少于10只，并重新进行密封性能试验；当仍有不合格时，亦不得使用该批喷头。

这是为确保喷头功能性要求而作的规定。

3) 第5.2.1条 喷头安装应在系统试压、冲洗合格后进行。

为了确保喷头性能，防止异物堵塞喷头，影响喷头喷水灭火效果而作的规定。

4) 第5.2.2条 喷头安装时，不得对喷头拆装、改动，并严禁给喷头附加任何装饰性涂层。

喷头是自动喷水灭火系统的关键组件，出厂时已经严格检验，合格后才能出厂，所以安装过程中不能更动和拆装，以确保其工作性能。

5) 第5.2.3条 喷头安装应使用专用扳手，严禁利用喷头框架施拧；喷头的框架、溅水盘产生变形或释放元件损伤时，应采用规格、型号相同的喷头更换。

这是使喷头保持正常功能而作的规定。

6) 第6.1.1条 管网安装完毕后，应对其进行强度试验、严密性试验和冲洗。

这是为管网日后安全、可靠运行而作的规定。

7) 第8.0.1条 系统竣工后，必须进行工程验收，验收不合格不得投入使用。

这是为使工程能切实做到扑灭火灾，保护人身和财产安全的作用，且确保日后的可靠运行而作的规定。

8) 第8.0.13条 系统工程质量验收判定条件：

① 系统工程质量缺陷应按规范附录F要求划分为：严重缺陷项（A），重缺陷项（B），轻缺陷项（C）。

② 系统验收合格判定应为A=0且B≤2，且B+C≤6，否则为不合格。

这是为量化判定工程合格与否的规定。

系统验收时对缺陷的划分如表 1-11 所示,所有条款均在规范第 8 章系统验收中作出具体规定。

自动喷水灭火系统验收缺陷项目划分　　　　表 1-11

缺陷分类	严重缺陷(A)	重缺陷（B）	轻缺陷（C）
包含条款	—	—	8.0.3 条第 1～5 款
	8.0.4 条第 1、2 款	—	—
	—	8.0.5 条第 1～3 款	—
	8.0.6 条第 4 款	8.0.6 条第 1、2、3、5、6 款	8.0.6 条第 7 款
	—	8.0.7 条第 1、2、3、4、6 款	8.0.7 条第 5 款
	8.0.8 条第 1 款	8.0.8 条第 4、5 款	8.0.8 条第 2、3、6、7 款
	8.0.9 条第 1 款	8.0.9 条第 2 款	8.0.9 条第 3～5 款
	—	8.0.10 条	—
	8.0.11 条	—	—
	8.0.12 条第 3、4 款	8.0.12 条第 5～7 款	8.0.12 条第 1、2 款

(3) 检测、试验和试运行

1) 应检测的主要部位(以主控项目为主)

① 消防气压给水设备的四周应有不小于 0.7m 的检修通道,其顶部至楼板或梁底的距离不宜小于 0.6m。

② 消防水泵接合器安装距室外消火栓或消防水池的距离宜为 15～40m,墙壁消防水泵接合器,其离地高度宜为 0.7m,且与墙面上门、窗、孔洞的净距不应小于 2m。

③ 地下消防水泵接合器,其进水口与井盖面的距离不大于 0.4m,且不小于井盖的半径。

④ 管网安装,当采用机械三通连接支管时,应检查机械三通与孔洞的间隙,各部位应均匀,然后再紧固到位。机械三通开孔间距不应小于 500m,机械四通开孔间距不应小于 1000mm。机械三通、四通连接时,主管支管间的关系应如表 1-12 所示。

采用支管接头（机械三通、机械四通）时支管的最大允许管径（mm）　　表 1-12

主管直径 DN		50	65	80	100	125	150	200	250
支管直径 DN	机械三通	25	40	40	65	80	100	100	100
	机械四通	—	32	40	50	65	80	100	100

配水干管(立管)与配水管(水平管)连接应采用沟槽式管件,不应采用机械三通。

⑤ 报警阀组距室内地面高度宜为 1.2m,两侧与墙的距离不应小于 0.5m,正面与墙的距离不应小于 1.2m,报警阀组凸出部位之间的距离不应小于 0.5m。

⑥ 干式报警阀组安装完成后应向报警阀气室注入高度为 50～100mm 的清水。

⑦ 水力警铃与报警阀组的接管公称直径为 20mm 时,其长度不大于 20m,水力警铃的铃声强度不应小于 70dB。

⑧ 以自动或手动方式启动水泵时,消防水泵应在 30s 内投入正常运行。

⑨ 以备用电源切换方式或备用泵切换启动消防水泵时,消防水泵应在 30s 内投入正常运行。

⑩ 湿式报警阀调试时，当湿式报警阀进口水压大于 0.14MPa，放水流量大 1L/s 时，报警阀应及时启动，带延迟器的水力警铃应在 5～90s 内发出报警铃声，不带延迟器的水力警铃应在 15s 内发出报警铃声，压力开关及时动作，并反馈信号。

⑪ 手动或自动方式启动的雨淋阀，应在 15s 之内启动；公称直径大于 200mm 雨淋阀调试时，应在 60s 之内启动。雨淋阀调试时，当报警水压为 0.05MPa，水力警铃应发出报警铃声。

⑫ 干式报警阀调试时，开启系统试验阀，报警阀的启动时间、启动点压力，水流到试验装置出口所需时间等，均应符合设计要求。

⑬ 水力警铃测试，其喷嘴处压力不应小于 0.05MPa，且距警铃 3m 处，铃声声强不小于 70dB。

⑭ 预作用喷水灭火系统管道充水时间不大于 1min。

2）应试验的项目

① 闭式喷头的试验见强制性条文第 3.2.3 条的规定。

② 报警阀应进行渗漏试验，试验压力为额定工作压力的 2 倍，保压时间不应小于 5min，阀瓣处应无渗漏。

③ 管网的水压试验：

A. 当系统设计工作压力等于或小于 1.0MPa 时，水压强度试验压力应为设计工作压力的 1.5 倍，并不应低于 1.4MPa；当系统设计工作压力大于 1.0MPa 时，水压强度试验压力应为该工作压力加 0.4MPa。

B. 水压强度试验的测试点应设在系统管网的最低点。对管网注水时，应将管网内的空气排净，并应缓慢升压；达到试验压力后，稳压 30min，管网应无泄漏、无变形，且压力降不应大于 0.05MPa。

C. 水压严密性试验应在水压强度试验和管网冲洗合格后进行。试验压力应为设计工作压力，稳压 24h 应无泄漏。

④ 管网的气压试验。气压严密性试验压力应为 0.28MPa，且稳压 24h，压力降不应大于 0.01MPa。

3）应系统调试的项目

① 水源调试。

② 消防水泵调试。

③ 稳压泵调试。

④ 报警阀调试。

⑤ 排水设施调试。

⑥ 联动试验。

（4）交工验收用质量资料

1）施工现场质量管理检查记录

内容包括：

① 现场质量管理制度。

② 质量责任制。

③ 主要专业工种人员操作上岗证书。

④ 施工图审查情况。

⑤ 施工组织设计、施工方案及审批。

⑥ 施工技术标准。

⑦ 工程质量检验制度。

⑧ 现场材料、设备管理。

⑨ 其他。

2）施工过程质量检查记录

内容包括：

① 自动喷水灭火系统施工过程质量检查记录。

② 自动喷水灭火系统试压记录。

③ 自动喷水灭火系统管网冲洗记录。

④ 自动喷水灭火系统联动试验记录。

⑤ 自动喷水灭火系统工程验收记录。

3）自动喷水灭火系统工程质量控制资料检查记录

内容包括：

① 施工图、设计说明书、设计变更通知书和设计审核意见书、竣工图。

② 主要设备、组件的国家质量监督检验测试中心的检测报告和产品出厂合格证。

③ 与系统相关的电源、备用动力、电气设备以及联动控制设备等验收合格证明。

④ 施工记录表、系统试压记录表、系统管道冲洗记录表、隐蔽工程验收记录表、系统联动控制试验记录表、系统调试记录表。

⑤ 系统及设备使用说明书。

因技术进步、管理创新，相关的施工质量验收标准和规范是在不断更迭和修订中，这体现了与时俱进持续改进的精神，所以学习中要注意标准和规范有效版本的更替，及时修正，以免应用中发生失误。

二、工程质量管理基本知识

本章对设备安装工程质量管理的特点、质量控制体系的概念，以及按 ISO 9000 标准建立的质量管理体系的基本要求作出介绍，通过学习，可以加深对质量管理的认识。

（一）工程质量管理及控制体系

本节对工程质量管理的基本概念及控制体系作出说明，把质量管理的普遍规律与工程质量管理结合起来，希望有助于在实践中应用。

1. 几个术语

（1）质量

一组固有特性满足要求的程度。"固有特性"是指在某事或某物中本来就有的，尤其是那种永久的特性。

质量一般包括"明确要求的质量"和"隐含要求的质量"。"明确要求的质量"是指用户明确提出的要求或需要，通常通过合同及标准、规范、图纸、技术文件作出明文规定；"隐含要求的质量"是指用户未提出或未明确提出要求，而由生产企业通过市场调研进行识别与探明的要求或需要，这是用户或社会对产品服务的期望，也就是人们所公认的、不言而喻的那些需要。

（2）产品

一组将输入转化为输出的相互关联或相互作用的活动的结果。

产品分为有形产品和无形产品。有形产品是经过加工的成品、半成品、零部件。如设备、预制构件、建筑工程等，无形产品包括各种形式的服务，如运输、维修等。

（3）产品质量

产品满足人们在生产和生活中所需的使用价值及其属性。它们体现为产品的内在和外显的各种质量指标。

根据质量的定义，可以从两方面理解产品质量。

1）产品质量好坏和高低是根据产品所具备的质量特性能否满足人们需要及满足程度来衡量的。一般有形产品的质量特征主要包括：性能、寿命、可靠性、安全性、经济性等。无形产品特性强调及时、准确、圆满与友好等。

2）产品质量具有相对性。即一方面，对有关产品所规定的要求及标准、规定等因时而异，会随时间、条件而变化；另一方面，满足期望的程度由于用户需求程度不同，因人而异。

（4）质量管理

在质量方面指挥、控制、组织和协调的活动。通常包括制定质量方针和质量目标以及质量策划、质量控制、质量保证和质量改进。

质量策划是指致力于制定质量目标并规定必要的运行过程和相关资源以实现质量目标；质量控制是指致力于满足质量要求；质量保证是指致力于提供质量要求会得到满足的信任；质量改进是指致力于增强满足质量要求的能力。

(5) 质量检验

对实体的一个或多个质量特性进行的测量、检查、试验或度量并将结果与规定质量要求进行比较，以确定每项质量特性符合规定质量标准要求情况所进行的活动。

2. 安装工程质量特点

(1) 房屋建筑安装工程的施工活动是把购入的材料和设备，按施工设计图纸，用作业工艺将其组合起来，达到预期的功能，供用户使用。因而安装工程的质量是否能满足顾客的需要，首先决定于其采用的材料和设备的制造质量，其次是决定于作业工艺即施工方法的质量。

(2) 房屋建筑安装工程的工程实体主要安装在各类结构上，依靠建筑物来固定各种安装工程实体。在使用中有的工程实体会产生振动，有的因充实介质而增加载荷，如各类动设备的运转（泵、风机、锅炉、冷水机组等）和大口径的供水管道等，所以说建筑结构的承载能力也会对安装工程的质量产生影响。因而安装工程实体在固定于建筑结构上时要对建筑结构的承载可能性作出评估。

(3) 房屋建筑安装工程中有些工程实体质量要受到政府专门授权的机构的质量监督检验，如消防工程、电梯工程、锅炉工程、起重机械安装工程、压力容器及压力管道工程等。

(4) 房屋建筑安装工程的工程实体在使用中有较多部分处在动态运行中，因而要求使用者必须按规程规定使用和按规定定期维护保养，才能使工程质量稳定，达到预期设计使用寿命。

(5) 房屋建筑安装工程的工程质量的检验评定，按国家制定的技术标准和规范进行。

3. 质量控制体系的组织框架

(1) 质量控制就是致力于满足质量要求。满足质量要求，就是要达到质量策划时指明的要求，而质量控制的对象是满足质量要求所采取的作业技术活动。其目的在于监视一个过程并排除在质量不断改进中导致不满意的原因，以取得经济效益。

(2) 对施工企业而言，企业的不同层级，质量控制的职责是不同的，教材阐述的是施工项目部质量控制体系的结构和职责。

(3) 由于质量控制是质量管理工作的组成部分，因而质量控制体系的组织框架是与质量管理体系组织框架一致的，如图2-1所示。

4. 质量控制体系的人员职责

(1) 施工现场的工程质量控制有两个方面，即对影响施工质量因素的控制和施工过程事先、事中、事后三阶段的质量控制。因而质量控制体系人员的职责要依这两个方面而具

二、工程质量管理基本知识 35

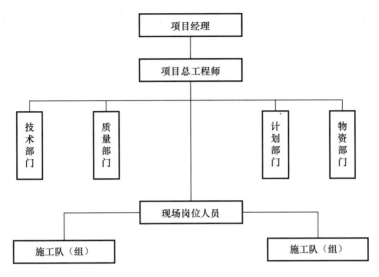

图 2-1 质量控制框架结构

体落实，由于施工企业管理制度的差异，职责的分工只能作原则的说明。

(2) 职责和权限

1) 项目经理或项目总工程师（项目技术负责人）

① 制订或批准项目质量控制计划及实施的重点。

② 明确项目各管理部门质量控制的责任和权限，并做到相互间无缝隙衔接。

③ 制订各岗位人员和作业队组的质量管理及控制责任制。

④ 组织项目全体员工培训，提高质量意识，提高质量控制的技能和方法水平。

⑤ 监督质量控制体系的实时运行情况，及时完善和改进。

⑥ 项目总工（项目技术负责人）应对施工方案、作业指导书、施工工艺文件等质量控制文件负责审批。

2) 技术部门主要职责

① 组织事前质量控制的技术准备工作，包括施工方案、作业指导书、施工图预算等技术经济文件的编制，并在实施执行中进行指导监督。

② 编制事后质量控制的试运行和联动试车的方案，并参加实施，对作业施工队组编写的单机试运行技术文件负责审核。

③ 对新技术、新工艺、新材料、新机具等的应用编制质量控制指导性文件，并参与推广。

3) 质量部门主要职责

① 参与技术部门组织的质量控制文件的编制。

② 组织编制事前、事中、事后质量控制计划，并在实施执行中进行指导监督。

③ 组织按计划确定的施工现场质量检查工作。

④ 针对工程实际提出质量控制点的设置。

4) 计划部门主要职责

① 各类进度计划的安排要符合工艺技术规律，确保工程质量得到有效控制。

② 安排好图纸会审、竣工验收、内外沟通、洽谈协商等各类与质量控制有关活动的时间、地点，并做好相关的准备工作。

5) 物资部门主要职责

① 做好事前质量控制的物资准备工作，包括订立物资采购合同中要明确质量要求。

② 组织物资的进场验收，确保合格产品用到工程上，把好质量控制的关键一关。

③ 保持施工机械完好状态，排除影响工程质量的因素——机械对工程质量的干扰。

④ 及时处理施工中发现的材料质量问题。

⑤ 保持检测用仪器、仪表在使用有效期内。

6) 现场岗位人员

① 按不同岗位的分工向作业施工队组布置文件化的质量控制活动计划，并协助队组认真实施，实施中遇有阻滞及时处理或反馈给有关部门作出相应调整。

② 参与相关部门组织的质量控制活动文件的编制，编制要依据工程实际，使之具有可操作性。

③ 每经过一个质量控制活动的循环，收集作业施工队组的相关信息，提出改进措施，以利质量控制活动得到持续改进。

（二）ISO9000 质量管理体系

本节对质量管理的历史作简要回顾，并对 ISO9000 标准作简要介绍，同时对施工项目建立质量管理体系作出建议，是知识性的内容简介。

1. 质量管理发展的几个阶段

质量管理作为企业管理的有机组成部分，是随着企业管理的发展而发展的，大体经历了以下几个阶段。

（1）质量检验阶段

进入 20 世纪，由于生产力的发展，出现了管理革命，提出计划与执行、检验与生产的职能需要分开的主张，即企业中设置专职的质量检验部门和人员，从事质量检验，使产品质量有了基本保证。这种制度把过去的"操作者质量管理"变成了检验员的质量管理，标志着进入质量检验阶段。由于这个阶段的特点是质量管理单纯依靠事后检查、剔除废品，因此它的管理效能有限。

（2）统计质量管理阶段

这套方法产生于第二次世界大战以后，主要是采用统计质量控制图，了解质量变动的先兆，进行预防，使不合格产品率大为下降，对保证产品质量收到了较好的效果。这种用数理统计方法来控制生产过程中影响质量的因素，把单纯的质量检验变成了过程管理，使质量管理从"事后"转到了"事中"，较单纯的质量检验进了一大步。这种方法忽略了广大生产与管理人员的作用，结果是既没有充分发挥数理统计方法的作用，又影响了管理功能的发展，把数理统计在质量管理中的应用推向了极端。到了 20 世纪 50 年代人们认识到，统计质量管理方法并不能全面保证产品质量，进而导致了"全面质量管理"新阶段的出现。

(3) 全面质量管理阶段

20 世纪 60 年代以后，随着社会生产力的发展和科学技术的进步，经济上的竞争也日趋激烈。特别是一大批高安全性、高可靠性、高科技和高价值的技术密集型产品和大型复杂产品的质量在很大程度上依靠对各种影响质量的因素加以控制，才能达到设计标准和使用要求。美国的菲根堡姆首先提出了较系统的"全面质量管理"概念。其中心思想是，数理统计方法是重要的，但不能单纯依靠它，只有将它和企业管理结合起来，才能保证产品质量。全面质量管理阶段的特点是针对不同企业的生产条件、工作环境及工作状态等多方面因素的变化，把组织管理、数理统计方法以及现代科学技术、社会心理学、行为科学等综合运用于质量管理，建立适用和完善的质量工作体系，对每一个生产环节加以管理，做到全面运行和控制。通过改善和提高工作质量来保证产品质量；通过对产品的形成和使用全过程管理，全面保证产品质量；通过形成生产（服务）企业全员、全企业、全过程的质量工作系统，建立质量体系以保证产品质量始终满足用户需要，使企业用最少的投入获取最佳的效益。

(4) 质量管理与质量保证阶段

为了解决国际间质量争端，消除和减少技术壁垒，有效地开展国际贸易，加强国际间技术合作，统一国际质量工作语言，制订共同遵守的国际规范，国际标准化组织于 1987 年发布了 ISO9000 族质量管理及质量保证标准。它的诞生顺应了国际经济发展的形势，适应了各方面的需要。

2. ISO 9000 族质量管理体系标准简介

(1) ISO9000 族标准的构成

"ISO9000"不是指一个标准，而是一族标准的统称，是由 ISO/TC176（即 ISO 中第 176 个技术委员会）制定的所有国际标准。ISO 9000 族标准的修订发展经历了多个阶段：

1）1987 版 ISO9000 族标准，发布 6 个标准；
2）1994 版 ISO9000 族标准，发布 16 个标准；
3）2000 版 ISO9000 族标准，发布 4 个标准。
4）目前为 2010 版。

(2) ISO 9000 族标准的基本要求

1）控制所有过程质量；
2）过程控制的出发点是预防不合格；
3）质量管理的中心任务是建立并实施文件化的质量管理体系并持续改进；
4）满足顾客和组织内部双方的需要和利益；
5）定期评价质量管理体系；
6）搞好质量管理的关键在领导。

(3) 八项质量管理原则及其理解

ISO/TC176 吸纳国际上最受尊敬的质量管理专家的意见，整理并编撰出八项质量管理原则。八项质量管理原则是质量管理实践经验和理论的总结，是质量管理最基本、最通用的一般性规律。

1) 原则一：以顾客为关注焦点——组织依存于顾客。因此，组织应当理解顾客当前和未来的需求，满足顾客要求并争取超越顾客期望。

2) 原则二：领导作用——领导者确立组织统一的宗旨及方向。他们应当创造并保持使员工能够充分参与实现组织目标的内部环境。

3) 原则三：全员参与——各级人员是组织之本，只有他们充分参与，才能使他们的才干为组织带来收益。

4) 原则四：过程方法——将活动和相关的资源作为过程进行管理，可以高效地得到期望的结果。

5) 原则五：管理的系统方法——将相互关联的过程作为系统加以识别、理解和管理，有助于提高实现目标的有效性和效率。

6) 原则六：持续改进——持续改进总体业绩是组织的永恒目标。

7) 原则七：基于事实的决策方法——有效决策应建立在数据和信息分析的基础上。

8) 原则八：与供方互利的关系——组织与供方是相互依存的，互利的关系可增强双方创造价值的能力。

3. 工程质量管理实施 ISO9000 标准的意义

由于 ISO9000 族标准揭示了质量管理最基本、最通用的一般性规律，不言而喻同样适用于工程施工质量的管理。为此，2010 年 6 月，国家认证认可监督管理委员会与住房和城乡建设部联合发布 2010 年第 21 号公告，要求在建筑施工领域质量管理体系认证中应用《工程建设施工企业质量管理规范》GB/T 50430—2007。该规范与 ISO9000 标准表现为完全的一致性。具体为以下五个方面。

（一）质量价值观是完全一致的。

（二）理论基础是完全一致的。

（三）管理理念是完全一致的。

（四）目的是完全一致的。

（五）评价要求是完全一致的。

该规范体现了国际标准实现本土化和行业化的显著特色，也说明在施工领域推广应用 ISO9000 标准的实际意义。

4. 施工项目的质量体系

施工项目质量体系的建立，要符合企业的质量体系文件的规定（如果有）。因为企业规模不同、经营范围有差异，各企业的规章制度、组织结构、运行机制都有着自己的特点，因而项目的质量体系也就不能有一个标准的格式，仅能就基本要求作出说明。同时，作为指导建立质量体系的 ISO9000 族标准是随着时间在不断改进改版的，因而就要求项目的质量体系不能一成不变，亦需要持续改进。

（1）项目质量体系的建立

1) 项目经理是项目的负责人，要在企业的质量方针指导下，负责建立项目的质量体系，并保证其有效运转。

2) 项目的质量体系应从组织结构、责任与权限、运作程序、路径过程和资源五个方面建立质量体系，实现对影响质量的因素在施工全过程中有效控制。

(2) 项目质量体系的构成

1) 组织结构

任命项目质量责任工程师，全面具体负责质量管理事务，通常由项目总工或项目技术负责人兼任。各专业（水、电、风等）设立质量责任人，通常由主管施工员或质量员兼任。相关的管理组织如物资供应、计划统计、质量管理、技术管理亦应设立质量责任人。同时，作业队组或分包方均应设立专门的质量责任人。上述责任人员由项目质量责任工程师统筹安排各项质量管理工作。

2) 职责与权限

① 明确各级质量责任人员的职能。

② 建立各岗位人员的责任制，使之按要求运作，确保项目质量目标的实现。

③ 规定对质量形成的各项工作，如施工准备、物资采购供应、施工作业、检验试验、竣工验收、回访保修等的衔接和控制关系，并明确具体措施。

3) 运作程序，是指处理质量事务工作的每个环节先后次序，要保持其符合客观规律和科学合理性。

4) 路径过程，是指处理质量事务工作的方法，要注意技术的先进性、费用的经济性和效果的可靠性。

5) 资源，为了保证质量体系正常运行，保证实现项目质量目标，项目经理部应保持必要的资源，包括：

① 人力资源和技术资源，有足够的专业技能和管理素质。

② 施工机械和作业工具，能满足作业工序的需要，即具有适应的工序能力。

③ 工程设备（被安装的对象）和需要的材料，其供给要符合工程质量的要求。

④ 资金，资金要满足项目质量体系正常运转的要求。

(3) 项目质量体系文件

项目质量体系建立后，要形成书面文件，反映项目质量体系采用的全部要素和规定，印发给项目的相关部门和人员，通过讲解和宣传，确保项目的全体员工理解一致和认真执行。文件主要包括以下几个方面。

1) 纲领性文件。指企业制定的管理规定和程序文件等，属于企业全局性的质量体系文件。

2) 管理性文件。指项目依据实际需要制订的文件，有项目的质量方针和目标，组织结构图及质量职责、质量计划（施工组织设计）、检验试验规程和管理规定等。

3) 执行性文件。有体系运行记录和工程记录，还包括各种质量的分析和统计记录。

三、质量计划的编制

本章对施工质量策划、质量计划的内容及编制方法作出介绍,通过学习希望能加深理解,便于在实践中应用。

(一)质量策划的概念

本节介绍质量策划活动及其结果,阐明质量计划与施工组织设计的等同性。

1. 质量策划的目的

(1)质量策划的目的在于制定并实现工程项目的质量目标。
(2)质量策划由项目经理负责组织。
(3)策划涉及实现质量目标所需的各项活动和资源,同时提出相应的措施。
(4)策划的结果是形成管理方面的文件和质量计划。
(5)中标后、开工前项目部首先要做的是编制实施性的施工组织设计,而其核心是使进度、质量、成本和安全的各项指标能实现,关键是工程质量目标的实现,否则其他各项指标的实现就失去了基础。因而通过施工质量策划形成的施工质量计划等同于施工组织设计。有的认证管理机构明确表示施工企业的某个工程项目的质量计划便是该项目的施工组织设计。

2. 施工质量策划的结果

(1)确定质量目标
目标要层层分解,落实到每个分项、每个工序,落实到每个部门、每个责任人,并明确目标的实施、检查、评价和考核办法。
(2)建立管理组织机构,即建立项目质量管理体系。
组织机构要符合承包合同的约定,并适合于本工程项目的实际需要,人员选配要重视发挥整体效应,有利于充分体现团队的能力。
(3)制定项目部各级部门和人员的职责
职责要明确、工作流程清晰、避免交叉干扰。
(4)编制施工组织设计或质量计划
形成书面文件,按企业管理制度规定流程申报审核,批准后实施。
(5)在企业通过认证的质量管理体系基础上结合本项目的实际情况,分析质量控制程序文件等有关资料是否需要补充和完善,若需要补充完善则应按规定修正后报批,批准后才能执行。

（二）质量计划编制的内容和方法

本节对质量计划（施工组织设计）的编制内容和方法（流程）作出介绍，同时对质量计划的实施要点作出说明。

1. 施工组织设计（质量计划）

（1）作用：施工组织设计是指导施工全过程中各项施工活动的技术和经济综合性文件，目的是按预期设计有条不紊地展开施工活动，使履行承包合同约定时能按期、优质、低耗、节能、绿色、环保等各项指标在工程建设中得到有效保证，从而使企业得到良好的经济效益，也可获得被认同的社会效益。

（2）类型

1）施工组织总设计，一般以有多个单位工程组成的项目为对象，如住宅小区、体育中心等。

2）施工组织设计，一般以单位工程为对象，要根据施工组织总设计指导原则来编制。

3）施工方案，一般以技术难度较大、施工工艺较复杂、采用新工艺或新材料的分部或分项工程为对象。

2. 编制依据

（1）工程施工合同及相关的协议。

（2）已批准的初步设计及有关的图纸资料。

（3）工程概算和主要工程量。

（4）设备清单及主要材料或大宗材料清单。

（5）现场情况调查资料。

（6）新材料、新工艺的使用说明或试验资料。

（7）其他。

3. 编制的主要内容

施工组织总设计和单位工程施工组织设计编制的内容基本相似。施工组织总设计编制时整个工程项目的建设处于早期阶段，有些资料不够完整，如有的单位工程还处于初步设计中，不能提供施工图纸，所以是一个框架性的指导文件，要在实施中不断补充完善。而单位工程施工组织设计编制时其所有编制依据和资料基本齐全，编制的文件内容翔实，具有可操作性。以下对单位工程施工组织设计内容作出介绍。

（1）工程概况，包括工程的性质、规模、地点、建设期限、各专业设计简介，工程所在地的水文地质条件和气象情况，施工环境分析，施工特点或难点分析等。

（2）施工部署，包括确定施工进度计划、质量和安全目标，确定施工顺序和施工组织管理体系，确定环境保护和降低施工成本措施等。

（3）施工进度计划，统筹确定和安排各项施工活动的过程和顺序、起止时间和相互衔接关系，可用实物工程量或完成造价金额表达，并以横道图、网络图或列表表示。

（4）施工准备计划，包括技术准备、物资准备、劳动组织准备和施工现场准备等。

（5）主要施工方案，包括主要施工机械的选配，季节性施工的步骤和防台防雨措施，构件配件的加工订货或自行制作的选定，重要分项工程施工工艺及工序的确定，样板区的选定。

（6）确定各项管理体系的流程和措施，包括技术措施、组织措施、质量保证措施和安全施工措施等。

（7）说明各项技术经济指标。

（8）绘制施工总平面布置图，并说明哪些是全局性不随工程进展而变动的部分，哪些要随工程进展而需迁移更动的部分。其内容包括施工现场状况，存贮、办公和生活设施，现场运输道路和消防通道布置，供电、供水、排水、排污等主干管网或线路的安排，与工程相邻的地上、地下环境条件。

（9）依据企业管理规章制度结合工程项目实际情况和承包合同约定，指明需补充修正的部分，其内容仅适合本工程应用。

4. 编制的流程

（1）组织编制组，明确负责人（主编）。

（2）收集整理编制依据，并鉴别其完整性和真实性。

（3）编制组分工，并明确初稿完成时间。

（4）初稿整理后召集企业内部审查。

（5）编制组据初审意见进行修改。

（6）依据企业规章制定报企业负责人审阅。

（7）除投标用施工组织设计外，召集外部人员参加评审会议，拟参评的单位有业主方、监理方、设计方，有的工程还有政府行政管理监督部门参加，如公安消防监督机构、建设工程质量安全监督机构、特种设备安全监督机构、环境保护监督机构以及文物管理部门等。

（8）编制组依据外部评审会议的纪要进一步对施工组织设计进行修改。

（9）修改完成报企业负责人审批，经批准后的施工组织设计即生效进入实施阶段。

（10）实施中因条件发生较大变化必须更改的，其更改部分需经原批准人审查批复。

5. 质量计划的实施要点

（1）执行计划要职责分工，各负其责。执行前要宣传、交底、取得共同的理解和认同。

（2）执行中要加强监督检查，应明确检查内容和检查的频次。监督检查要有重点，重点是指工程的关键部位、作业的特殊工序、质量问题发生机率大的方向。

（3）注意计划在执行中的修正，修正的起因有工程的变更、承包合同的修订、人员或物资的调整等。修正后的计划按程序文件规定经审核批准后才能执行。

四、工程质量的控制

本章对工程质量控制的两个方面，即影响工程质量因素的控制和施工过程中事前、事中、事后三个阶段的控制，描述其具体方法，并对施工质量控制点的设置原则作出说明。

（一）影响质量的因素控制

本节阐述影响质量的因素，即人、机、料、法、环五大因素的控制原则，通过学习以利实践中掌握应用。

从宏观上分析，影响工程质量的因素主要有施工人员、施工用机械、施工用材料、施工的方法、施工作业环境五个方面，简称人、机、料、法、环（4M1E），其控制内容和方法简述如下。

1. 人的控制

人，是指直接参与施工的组织者、指挥者和操作者。除了加强政治思想教育、劳动纪律教育、职业道德教育、专业技术培训、健全岗位责任制、改善劳动条件、公平合理地激励劳动热情以外，还需根据工程特点，从确保质量出发，在人的技术水平、人的生理特点、人的心理行为等方面来控制人的使用。

2. 材料控制

材料控制包括原材料、成品、半成品、构配件等的控制，主要是严格检查验收，正确合理地使用，建立管理台账，进行收、发、储、运等各环节的技术管理，避免混料和将不合格的原材料使用到工程上。

3. 机械控制

机械控制包括施工机械设备、工具等的控制。要根据不同工艺特点和技术要求，选用合适的机械设备，正确使用、管理和保养好机械设备。为此要健全人机固定制度、操作证制度、岗位责任制度、交接班制度、技术保养制度、安全使用制度、机械设备检查制度等，确保机械设备处于最佳完好状态。

4. 方法控制

这里所指的方法控制，包含施工组织设计、施工方案、施工工艺、施工技术措施等的控制。对方法的主要要求是应切合工程实际，能解决施工难题，技术可行，经济合理，有利于保证质量、加快进度、降低成本。

5. 环境控制

影响工程质量的环境因素较多，有工程技术环境、工程管理环境、劳动环境。环境因素对工程质量的影响，具有复杂而多变的特点。因此，根据工程特点和具体条件，应对影响质量的环境因素，采取有效的措施严加控制。尤其是施工现场，应建立文明施工和文明生产的环境，保持材料、工件堆放有序，道路畅通，工作场所清洁整齐，施工程序井井有条。为确保质量、安全创造良好条件。

（二）施工阶段的质量控制

本节对施工阶段的质量控制及其基本方法作出介绍，以利在实践中掌握应用。

1. 质量控制的三个阶段

为明确项目施工各阶段质量控制的重点，可把质量控制分为事前控制、事中控制和事后控制三个阶段，其主要内容如下。

（1）事前质量控制

指在正式施工前进行的质量控制，其控制重点是做好施工准备工作，且施工准备工作要贯穿于施工全过程中。

1）施工准备的范围

包括全场性施工准备，单位工程施工准备，分项（部）工程施工准备，项目开工前的施工准备，项目开工后的施工准备等。

2）施工准备的内容

① 技术准备，包括项目扩大初步设计方案的审查，熟悉和审查项目的施工图纸，项目建设地点的自然条件、技术经济条件调查分析，编制项目施工图预算和施工预算，编制项目施工组织设计等。

② 物资准备，包括建筑材料准备，构配件和制品加工准备，施工机具准备，生产工艺设备的准备等。

③ 组织准备，包括建立项目组织机构，集结施工队伍，对施工人员进行入场教育等。

④ 施工现场准备，包括控制网、水准点、标桩的测量，"五通一平"，生产、生活临时设施等的准备，组织机具、材料进场，拟定有关试验、试制和技术进步项目计划，编制季节性施工措施，制定施工现场管理制度等。

（2）事中质量控制

指在施工过程中进行的质量控制。事中质量控制的策略是：全面控制施工过程，重点控制工序质量。具体措施是：工序交接有检查，质量预控有对策，施工项目有方案，技术措施有交底，图纸会审有记录，设备材料有检验，隐蔽工程有验收，计量器具校正有复核，设计变更有手续，材料代换有制度，质量处理有复查，成品保护有措施，行使质控有否决（发现质量异常、隐蔽工程未经验收、质量问题未处理、擅自变更设计图纸、擅自代换材料、无证上岗等，均应对质量予以否决）；质量文件有档案（凡是与质量有关的技文件,如图纸会审记录、材料合格证明、试验报告、施工记录、隐蔽工程记录、设计变更记录、调试/试压运行记录、试车运转记录、竣工图等都要编目建档)。

(3) 事后质量控制

指在完成施工过程形成产品后的质量控制,其具体工作内容有:

1) 组织试运行和联动试车。

2) 整理竣工验收资料,组织自检和初步验收。

3) 按规定的质量评定标准和办法,对完成的分项、分部工程、单位工程进行质量评定。

4) 组织竣工验收,其标准是:

按设计文件规定的内容和合同规定的内容完成施工,质量达到国家质量标准及合同的约定,能满足生产或使用的要求。

① 主要生产工艺设备已安装配套,联动负荷试车合格,达到设计生产或使用能力;

② 交工验收的建筑物窗明、地净、水通、灯亮、气来、采暖通风设备运转正常;

③ 交工验收的工程内净外洁,施工中的残余物料运离现场,灰坑填平,临时工程拆除,地坪整洁;

④ 技术档案资料齐全。

2. 施工项目质量控制基本方法

施工项目质量控制的方法,主要是审核有关技术文件、报告和直接进行现场检查或必要的试验等。

(1) 审核有关技术文件、报告、报表或记录

对技术文件、报告、报表、记录的审核,是对工程质量进行全面控制的重要手段,具体内容有:

1) 技术资质证明文件;

2) 开工报告,并经现场核实;

3) 施工组织设计和技术措施;

4) 有关材料、半成品的质量检验报告;

5) 工序质量动态的统计资料或控制图表;

6) 设计变更、修改图纸和技术核定书;

7) 有关质量问题的处理报告;

8) 有关应用新工艺、新材料、新技术、新机具的技术鉴定书;

9) 有关工序交接检查,分项、分部工程质量检查报告;

10) 现场有关技术签证、文件等。

(2) 现场质量检查

1) 现场质量检查的内容

① 开工前检查。目的是检查是否具备开工条件,开工后能否连续正常施工,能否保证工程质量。

② 工序交接检查。对于重要的工序或对工程质量有重大影响的工序,在自检、互检

的基础上，还要组织专职人员进行工序交接检查。

③ 隐蔽工程检查。凡是隐蔽工程均应检查认证后方能掩盖。

④ 停工后复工前的检查。因处理质量问题或某种原因停工后需复工时，应经检查认可后方能复工。

⑤ 分项、分部工程完工后，应经检查认可，签署验收记录。

⑥ 成品保护检查。检查成品有无保护措施，或保护措施是否可靠。

此外，还应经常深入现场，对施工操作质量进行巡视检查。必要时，还应进行跟班或追踪检查。

2) 现场质量检查的方法

现场进行质量检查的方法有目测法、实测法和试验法三种。

① 目测法。其手段可归纳为看、摸、敲、照四个字。

② 实测法。实测检查法的手段可归纳为靠、吊、量、套四个字。

③ 试验检查。指必须通过试验手段对质量进行判断的检查方法。

(3) 实行闭环控制

每一个质量控制具体方法本身也有一个持续改进的问题，这就要用计划、实施、检查、改进（P、D、C、A）循环原理，在实践中使质量控制得到不断提高。

（三）质量控制点的设置

本节介绍工程质量控制点设置的原则及分类，通过学习以利在实践中应用。

1. 定义和特性

（1）质量控制点的定义

质量控制点是指为了保证工序质量而需要进行控制的重点，或关键部位，或薄弱环节，以便在一定时期内、一定条件下进行强化管理，使工序处于良好的控制状态。

（2）质量控制点的动态性

从定义可知，关键部位是对工程实体而言，薄弱环节主要指作业行为或施工方法。前者较稳定、变异小，比如管道的连接处，电气的对地安全间隙，通风机转子平衡检查等。后者因企业而异，有着不断完善改进的空间，因而便有了一定时期内、一定条件下的限制性提法，也说明了质量控制点对某一具体的工程或企业不是一成不变的，而是动态变化的。

2. 分类和特点

（1）检查点的概念

1) 建筑安装工程施工过程中质量检查实行三检制，是指作业人员的"自检"、"互检"和专职质量员的"专检"相结合的检验制度，其是确保施工质量行之有效的检验方法。

2) 自检是作业人员对自己已完成的分项工程的质量实行自我检验，是自我约束，自我把关的表现，以防止不合格品进入下道工序作业。

3）互检是指作业人员之间对已完成的分项工程质量进行相互检查，起到复核确认作用，其形式可以是同一作业队组人员间的相互检查，也可以是作业队组兼职的质量员对本组作业质量的检查，还可以是下道作业对上道作业质量的检查，亦称为交接检。

4）专检是指质量员对分项、分部工程质量的检验，以弥补自检、互检的不足。一般情况下，自检互检要全数检查，专检可以用抽检的形式。原材料进场验收以质量员的专检为主，生产过程中的实体质量检验以自检、互检为主。

5）质量检查点即质量检查的部位及检查内容，依施工质量验收规范的规定为准，其中主控项目为主、一般项目为辅，黑体字表达的强制性条文的规定必须严格执行，也是重要的检查点所在的部位。

（2）停止点的概念

1）所有控制点、检查点、停止点等的"点"的称谓，本质上是施工过程中的某一个工序。一个工序完成一个作业内容，只有完成该工序的作业内容，才能开始下一个作业内容，即进入下道工序。

2）停止点是个特殊的点，即这道工序未作检验，并尚未断定合格与否，是不得进行下道工序的，只有得出结论为合格者才可进入下道工序。比如保温的管道，只有试压、严密性试验合格才能进行保温，又如只有电气工程交接试验合格才能进行通电试运行。前者称为管道工程施工过程中的一个停止点（试压和严密性试验），后者称为电气工程施工过程中的一个停止点（电气交接试验）。

五、质量问题

本章介绍工程质量问题的类别及发生质量事故处理的程序，同时介绍质量问题的处理方式，以供学习者在施工中应用。

（一）质量问题的类别

本节对质量问题的定义和分类以及质量通病的概念作出介绍，以供学习者区分。

1. 施工质量问题的类别

（1）所谓施工工程的质量问题，是指对工程实体经检查发现质量有不符合规范标准的规定或不符合工程合同约定的现象。

（2）两种不同类别的质量问题

1）质量事故

由于工程施工质量不符合标准规定，而引发或造成规定数额以上的经济损失，导致工期严重延误，或造成人身设备安全事故，影响使用功能，这类质量问题称为质量事故。

2）质量缺陷

施工质量不符合标准规定，直接经济损失没有超过规定额度，不影响使用功能和工程结构性安全的，也不会有永久性不可弥补的损失，这一类的质量问题称质量缺陷。不作事故处理，可由施工单位自行解决。

3）发生质量事故基本上是违反了施工质量验收规范的主控项目的规定，而一般的质量缺陷基本上是违反了施工质量验收规范中的一般项目的有关观感的规定。

（3）质量问题的识别

质量问题的识别是检查工程实体质量时应采用的方法，或者称识别的方法，通常有以下几个环节。

1）标准具体化

标准具体化，就是把设计要求、技术标准、工艺操作规程等转换成具体而明确的质量要求，并在质量检验中正确执行这些技术法规。

2）度量

度量是指对工程或产品的质量特性进行检测度量。其中包括检查人员的感观度量、机械器具的测量和仪表仪器的测试，以及化验与分析等。通过度量，提出工程或产品质量特征值的数据报告。

3）比较

所谓比较，就是把度量出来的质量特征值同该工程或产品的质量技术标准进行比较，视其有何差异。

4) 判定

就是根据比较的结果来判断工程或产品的质量是否符合规程、标准的要求，并作出结论。判定要用事实、数据说话，防止主观、片面，真正做到以事实、数据为依据，以标准、规范为准绳。

2. 房屋建筑安装工程常见的质量问题

（1）房屋建筑安装工程中常见的质量问题又称安装工程的质量通病。这种通病不是一成不变的，由于材料设备和施工工艺的更新，通病的类别在不断变异，是一种动态的现象。

（2）由于本教材篇幅有限，不能专门列出章节——阐明各专业的常见质量问题，而是在教材的管理实务（专业技能）部分的案例分析中列举了较多的通病表现形式，因而不再赘述。

（3）质量通病反映在不影响使用安全、使用功能和使用寿命的规范标准中的一般项目内，通常是观感不佳、给日常维护带来不便、与建筑艺术风格不协调等令人难以接受的现象，施工企业在自检中应给以整改。

（二）质量问题主要形成原因

本节对质量问题形成的主要原因作简明介绍，供学习者在实践中分析。

1. 人的意识方面

（1）项目施工组织者、管理者或作业者缺乏质量意识，没有牢固树立质量第一的观念。

（2）缺乏质量意识的情况下，导致违背施工程序，不按工艺规律办事，不按规范要求作业，不按技术标准严格检查，忽视工序间的交接检查，总之指挥者或作业者没有按质量责任制的规定各负其责。

2. 管理混乱、机制不健全

（1）项目部的组织结构的设置及人员配备不能适应工程项目施工管理和施工作业的需要。

（2）由于不适应需要，表现为技术能力、质量管理能力不足，导致发生使用不合格的材料、不能正确采用合理的工艺、工序衔接混乱等现象的发生，使质量问题频发。

3. 环境条件不符要求、防护措施不当

如焊接时风雨较大，油漆时湿度大被刷涂表面不干燥、油浸变压器吊芯检查时空气相对湿度较大超过规定值、塑料管安装或塑料电缆塑料电线敷设在极低温度下超过了产品允许的低温作业温度。这些恶劣的环境条件，如不采取措施进行改善，势必影响工程质量而形成质量问题。

(三) 质量问题的处理

本节对质量问题的处理程序,质量事故处理程序和方式作出介绍,以供学习者有一个概貌上的认识。

1. 质量问题处理的目的和程序

(1) 目的

主要包括:

1) 正确分析和妥善处理所发生的质量问题,以创造正常的施工条件;
2) 保证建筑物、构筑物和安装工程的安全使用,减少事故的损失;
3) 总结经验教训,预防事故重复发生。

(2) 程序如图 5-1 所示。

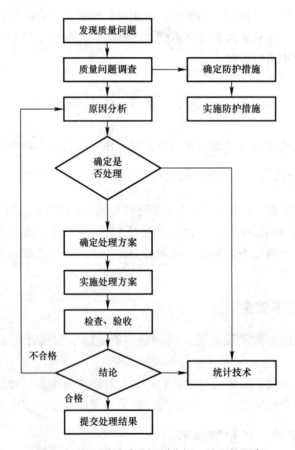

图 5-1 施工项目质量问题分析、处理的程序

2. 质量问题不作处理的几种情况

不作处理的质量问题即分类中所指的质量缺陷,未构成事故的质量问题,其判定有以

下几种情况。

(1) 不影响结构安全，生产工艺和使用要求；

(2) 某些轻微的质量缺陷，通过后续工序可以弥补的，可不处理；

(3) 对出现的质量问题，经复核验算，仍能满足设计要求者，可不作处理。

3. 质量事故的处理

分为处理程序、处理方式和处理结论三个方面。

(1) 处理程序

1) 事故报告

由施工负责人（项目经理）按规定时间和程序及时向企业报告，并提供事故发生的初步调查文件及证据。

2) 现场保护

要做好现场应急保护措施，防止因质量事故而引发更严重次生灾害而扩大损失，待有事故结论后进行处理。

3) 事故调查

调查内容包括现场调查和收集资料，调查的组织由施工企业管理制度或依据法规规定作出。

4) 编写质量事故调查报告

5) 形成事故处理报告

(2) 处理方式

1) 返工处理

2) 返修处理

3) 限制使用

4) 不作处理

5) 报废处理

(3) 事故处理的结论通常有以下几种：

1) 问题已排除，可以继续施工；

2) 隐患已经消除，结构安全可靠；

3) 经修补处理后，完全满足使用要求；

4) 基本满足使用要求，但附有限制条件；

5) 对耐久性影响的结论；

6) 对外观影响的结论；

7) 对责任的结论等。

此外，对一时难以作出结论的事故，还应进一步提出观测检查的要求。通常不轻易作出推倒重来的报废处理的结论。

下篇 专业技能

六、编制施工项目质量计划

本章对施工项目质量计划的编制要求及其主要内容作出介绍，并通过案例分析锻炼学习者的编制技能。

（一）技能简介

本节介绍质量计划与施工组织设计的关系及质量计划的编制方法和流程，并对影响质量计划编制的因素作出简析。

1. 技能分析

（1）岗位知识教材中已明确了质量计划与施工组织设计的关系。

（2）房屋建筑设备安装工程的施工单位主要编制所承担施工的分部、分项工程的质量计划。

（3）分项或分部工程编制质量计划的目的和作用

1）项目的质量计划反映在施工组织设计中。

2）分项工程或分部工程是否要编专门的质量计划要依据工程的实际需要和业主的意见，即满足顾客的需要。

3）质量计划的作用

① 为满足顾客的（业主的）要求，对顾客（业主）作出承诺。

② 组织实施质量计划，并获得预期的效果。

③ 以质量计划为依据，审核和评估相关部门或个人的绩效。

（4）合同约定与项目质量目标

1）目前，工程质量的等级只有合格与不合格两种，这是在国家标准中明确规定的。

2）由于市场竞争的需要，施工企业要不断提高工程质量创建优质工程，建立品牌展示竞争实力。建设单位要评估建设活动的成效，也需要对投资建设的工程在质量上有一个客观的评价。在这两个建设市场主体的策动和需要推动下，在民间社会组织主持下，展开了对建筑产品的创优评优活动，即人们常说的创优夺杯活动。

3）参与评优活动的建筑产品等级，大致分为国家级、省（部）级、市级（市指设区的市）这三个优质产品等级，成为了施工企业的具体质量目标，反映在工程承包合同中，并附有达标与否的奖罚条款。

(5) 工程实体构成对质量计划编制的影响

1) 所谓工程实体对质量计划编制的影响是指施工企业对已具有成熟的分项工程级的工艺标准情况下和采用"四新"情况下，要区别对待编制质量计划的要求。

2) 已有的工艺标准等文件能满足质量计划中技术部分要求的，可直接在质量计划中指明采用的标准代号即可，不必全部照录。但必须要在质量计划中说明和补充组织管理部分，即说明如何执行。不同规模的房屋建筑安装项目，组织管理说明是不同的，要符合工程的具体情况的需要。

3) 如施工企业无合适的工艺标准等技术文件或首次采用"四新"技术，则在质量计划中要编写技术要求和管理要求两大部分。技术要求可按作业指导书、操作规程等的编写方法和规定编制。管理要求同样是为如何正确执行质量计划而编制，要解决组织、路径、检测、评价等方面的问题。

2. 分项工程质量计划编制

(1) 编制步骤

1) 建立组织，主要是明确分工、落实责任、确定负责人、说明编制要求。

2) 制订计划，主要是确定文件的格式、体例和文件的质量要求，确定完成的日期。

3) 整理资料，主要是收集文件资料，包括图纸、合同、技术标准、安全规定和作业进度计划，以及施工机具状况和施工现场总平面布置，同时了解大宗物资的采购方向。

4) 按分工进行编写，分工是指水、电、风三大专业的分工，以及编写人员的分工。

5) 编写组内部初审，编写人员如期完成后由编写负责人组织内部初审。

6) 初审后改进，依据内审中的改进意见，由编写人员各自修正。

7) 上级审核批准。

(2) 审核与批准

1) 审核与批准是质量计划编制工作中两个重要的工作环节，审核与批准的权限或责任人要在施工企业质量体系文件中有所体现，即有明确的规定。审核目的是在专业上进行把关，审核中发现有缺陷要发还并指明修改意见，修改后再报审批，审核后履行批准手续，经批准的质量计划在执行时具有行政上的合法性。

2) 编制好的质量计划是否要征得监理单位的确认，要在工程承包合同中或相关的洽商会谈记录中表明。

(3) 检查与改进

1) 检查又称跟踪检查，目的是查验分项工程的质量工作是否按计划进行。计划与实施间的差异是经常发生的正常现象，通过检查可以发现差异，不使差异扩大蔓延致质量工作失误，有利于纠正改善，使分项工程的质量管理工作纳入正常的轨道。

2) 改进是对质量计划的纠正行为，有两种含义。一是在检查中发现执行有差异，及时分析原因，作出修正和改进质量计划；二是制订同类型分项工程的质量计划时在编制工作中得到改进，使质量管理工作处在螺旋形上升通道中。值得提醒的是，如改进的幅度大或较大，要征得原审核批准者的同意，这也是裁量质量员专业技术能力大小的一个方面。

（二）案 例 分 析

本节以案例形式阐明质量计划编制中或执行中应关注的要点，通过学习使质量员在实践中提高工作能力。

1. 给水排水工程

（1）案例 1

1）背景

A 公司是一个新组建的房屋建筑设备安装工程公司，承接了一项旧住宅小区的给水管道改造工程。小区规模较大，因而工程量多，涉及居民面大影响广，其中户内给水管由已用旧的镀锌管改为 PP-R 管。虽然 A 公司在零星的小型工程已使用过该类新型管材，但未形成公司的工艺标准。项目经理认为，如果安装 PP-R 管，即使发生微小瑕疵，其影响面广，也会危及公司的质量信誉，因而决定专门为 PP-R 管安装制订分项工程质量计划。

2）问题

① 项目经理的决策是否明智？

② 分项工程质量计划编制有哪些基本步骤？

③ PP-R 管安装质量计划中技术部分有哪些要点？

3）分析与解答

① 项目经理的决策是对的，他从质量的影响程度和企业的质量信誉出发作出决定是明智的，同时也分析了顾客隐含的需要，即给水工程经改造后，用户希望在质量上和使用功能上有所提升。还考虑到公司质量体系文件的规定，如没有企业的工艺标准，要编写包括技术要求和管理要求两部分的分项工程质量计划。

② 分项工程质量计划编制基本步骤包括组织遴选合适人员、制订计划确定编写完成日期、收集整理相关资料、分工编写循序渐进、内审改进、最终上报审批。

③ PP-R 管安装的技术要求主要有以下几点：

A. 管材进场验收除进行外观完整性检查外，重点复核冷、热水管的压力等级和是否符合使用的环境条件，管材、管件的堆放高度要符合产品说明书的规定，通常不超过 1.5m。

B. 明装的管道横平竖直，与金属管卡或金属支架接触面间垫有塑料或橡胶的衬垫，暗敷的管道无丝扣或法兰的连接。

C. PP-R 管与管、管与配件的连接采用热熔连接，PP-R 管与金属管道、金属管件、卫生洁具配件等的连接要选用规格适配的带有金属嵌件的 PP-R 管件作过渡。

D. 热熔连接的质保措施如下：

a. 环境条件应无风、无扬尘。

b. 热熔工具状态完好、作业人员经培训。

c. 热熔管端清洁，依插入深度做出标记确保热熔长度。

d. 与热熔管端接触的管件（内）表面清洁干燥无油。

e. 依据环境温度确定的热熔时间必须符合热熔工具制造商提供的使用说明书的规定。

f. 热熔时管端无旋转地插入热熔工具加热套内，管件则推到加热头上，两者的加热长度或深度均在预定的标记线处。

g. 加热时间达到后，取下管材与管件，迅速无旋转地直线均匀地将管端插入管件内，达到标记线处，使接头处形成均匀的凸缘。

h. 熔接弯头或三通时要注意其方向，可以在管材或管件上做辅助标记线。

i. PP-R管在支架敷设，其固定间距与金属管道是不同的，必须查阅相关手册，严格执行。

j. PP-R管在各配水点、受力点、穿墙支管节点等处，均应有管卡或支架固定。

（2）案例2

1）背景

B公司承建的别墅群地处丘陵山地，高低起伏，错落有致。因而其室外排水管网及相关的构筑物较复杂多样，土方测量开挖也与平原不一样，深浅差异大，如掌握不准，会影响排水管道的坡度和坡向，导致整个排水管网不能达到设计的预期功能要求或在大暴雨情况下造成灾害性的侵害。B公司虽然有在平原上安装钢筋混凝土排水管网的经验，对管网的施工形成了工艺标准，但项目部考虑到施工环境条件不同，专门为该项目的室外排水管安装分项工程制订了质量计划，受到建设单位的认可和好评。

2）问题

① B公司为什么要制订室外排水管网的专项施工质量计划？

② 质量计划的作用是什么？

③ 室外混凝土排水管道安装的工艺流程是怎样的？

3）分析与解答

① B公司已有在平原上安装混凝土排水管网的成熟经验，且形成了指导施工的工艺标准。项目部考虑到丘陵地区的环境条件不同，工艺标准对管道连接和试验等的工序是适用的，但对土方开挖坡度测量等工序的控制不够完善，需要依据实际情况作出补充，才能使整个山地安装的排水管网工程质量得到有效控制。因而编制的质量计划在技术上依托公司的工艺标准作出修正，而在管理上对土方开挖或回填（由分包方负责施工）的质量要加强监督检查，这些都要在分项工程专项质量计划中得到明确的反映。

② 分项工程质量计划的主要作用包括：满足建设单位的要求，对建设单位作出承诺；按计划进行实施，并获得预期的效果；以质量计划为依据，考核评估工程实体质量和参与人员的绩效。

③ 室外混凝土排水管道安装的工艺流程为：

施工准备→测量放线→开挖沟槽→铺设基础→管道安装及连接→管道与检查井等连接→灌水试验→回填土→通水试验

2. 建筑电气工程

（1）案例1

1）背景

A公司承建一住宅楼群的机电安装工程。楼群坐落于一个大型公共地下车库上面，工程完工投入使用，情况良好，机电安装工程尤其是地下车库部分被行业协会授予样板工程称号，为省内外同行学习参观的场所。学习参观中，项目部负责人主要介绍了地下车库的施工经验，包括编制切实可行的项目施工组织设计（项目质量计划）、进行深化设计、统一布置各专业（水、电、风）按施工图要求安排安装位置的标高，避免了相互干扰及实体互碰，严格择优选购材料，严把进场验收关，所有作业人员上岗前进行业务培训，并到样板室观摩作业，采用了先进仪器设备进行作业和检测，合理安排与其他施工单位的衔接，加强成品保护，避免发生作业中对已安装好的成品的污染或移位，施工员、质量员每天三次巡视作业面，及时处理发现的质量问题，用静态试验和动态考核相结合的办法把好最终检验关等。这些做法获得参观者的好评。工程实体如地下室荧光灯安装横向成排、纵向成线、标高一致，做到效果好又美观，使参观者钦佩。

2) 问题

① 该项目的质量计划效果如何？

② 项目部负责人的介绍说明了对哪些影响质量的因素进行了控制？

③ 从背景分析项目部质量策划达到了哪些目的？

3) 分析与解答

① 该项目的质量计划（施工组织设计）经实施后取得预期的效果，项目建成后成为公认的样板工程，说明质量计划起到了应有的作用。

② 从背景可知，项目负责人的经验介绍涉及了人员培训，采用新的仪器设备带动了新施工方法的应用，对材料采购和验收加强了管理，做好成品保护改善作业环境条件等各个方面，实行了人、机、料、法、环（4M1E）影响质量因素全方位的有效控制，从而使工程质量得到有效的保证。

③ 项目部质量策划形成的文件，即质量计划是有效的。经实施，工程实体质量优异，获得好评，说明质量策划效果明显。

(2) 案例2

1) 背景

某市星级宾馆由A公司总承包承建，各分包单位纳入其质量管理体系。施工组织总设计由A公司负责编制，各专业分包公司按施工组织总设计要求提出各自的质量计划报A公司审核汇总，但未作细致的沟通协调。工程即将完工，A公司拟将该工程申报当地工程质量奖项，邀请若干名有关专家协助公司进行自查，屋面、客房、地下室机房等处安装工程质量符合标准，大堂建筑装饰工程华丽优质，而多专业配合施工的大堂平顶显得凌乱不堪，电气的灯、通风的风口、消防的火灾探测器、智能化探头传感器及广播音响的喇叭等装置设备无序布置，无美感可言，破坏了整个建筑的艺术风格。专家建议要返工重做，否则不能参与评估，为此A公司返工重做。

2) 问题

① 质量计划编制步骤中审核批准的功能是什么？

② 经质量问题原因的查询，虽然各专业质量计划中都有协调确认布置位置的环节，但未切实实施，为什么？

③ A总承包公司在这次质量问题中应汲取怎样的教训？

3) 分析与解答

① 分项工程质量计划编制步骤中审核的目的是在专业上对技术和管理进行把关，审核中发现有缺陷要退还，指明修改意见，并对修改后的文件重审，直至同意确认为止。

批准是履行企业规章制度或质量体系文件规定的程序，经批准的质量计划的实施具有行政上的合法性。

② 在技术上分析，虽然各专业质量计划文件中都有协调确认布置位置的要求，但在实施中未切实执行，显然违反了工艺技术规律，导致发生质量问题。而管理总承包A公司没有按照闭环管理的原则实施管理，即没有按计划、实施、检查、改进（P、D、C、A）循环原理进行质量管理，也没有做细致的沟通协调，仅综合汇总了各专业分包方的质量计划。

③ 总承包方A公司应将各专业分包方的质量计划综合汇总后，再下发给分包方进行交底或采用适当形式进行协调沟通，并在日常工作中实施P、D、C、A循环管理。

3. 通风与空调工程

（1）案例1

1）背景

A公司承建某银行大楼的机电安装工程，其中通风空调机组的多台室外机安装在大楼的屋顶上。A公司项目部为了贯彻当地政府关于节能的有关规定，对室外机的安装使用说明书认真阅读研究，特别是对其散热效果有影响的安装位置及与遮挡物的距离做了记录，准备在图纸会审时核对。在地下室安装玻璃钢风管时为做好成品保护，防止土建喷浆污染风管，将风管用塑料薄膜粘贴覆盖，土建喷浆结束，撕去薄膜再补刷涂料。为了做好通风风量调试工作编制了专项施工方案，并对每个调试作业岗位编写了作业指导书，使所有通风机及空调机的试运转过程中都如预期一样较顺利地完成。这些活动都反映在该分部工程的质量计划的质量控制文件中，分别有事前、事中、事后三个阶段的控制。由于质量文件得到认真实施，整个通风与空调工程被评为优良分部工程。

2）问题

① 重视节能效果，做好设备的安装记录，属于什么阶段的质量预控？

② 做好玻璃钢风管的成品保护，属于什么阶段的质量预控？

③ 做好通风空调工程的调试和试运转施工方案及作业指导书并实施是什么阶段的质量预控？

3）分析与解答

① 做好图纸会审的准备工作属于事前质量控制阶段。因事前质量控制的内容包括施工准备在内，而熟悉设备安装使用说明书是施工准备中的技术准备工作的一部分，所以划为事前阶段的质量控制。

② 做好玻璃钢风管的成品保护工作发生在施工过程中，应属于事中质量控制的活动。因为风管系统在交工验收之前要补刷一道涂料或油漆，保持外观质量良好，如不做好风管成品保护，被喷浆污染，不仅补刷时工作量大，除污不净也会影响涂装质量。

③ 试车调试试运转进行动态考核是检验安装工程质量的最终重要手段，所以属于事

后质量控制活动。为确保调试试运转的活动达到预期的效果，通常都应编制相应的调试方案及作业指导书等技术文件。这个工作可以在施工准备中完成，成为事前控制阶段的活动，也可以紧接在调试工作前完成，则属事后质量控制活动的一部分。

(2) 案例2

1) 背景

A公司承建一商住楼机电安装工程，工程承包合同约定中明确了工程评优目标，为此A公司项目部制订了该项目施工的质量计划。由于工程空调工程量大，所以配备了多个通风专业的质量员，对质量计划执行情况进行实时跟踪检查，及时改进修正。在冷冻机房对分水缸的保温层施工检查时发现将设备铭牌覆盖住了，要求作业人员采取措施进行纠正。

2) 问题

① 国家技术标准规定工程质量等级只有合格和不合格两种，为什么还有优良工程？

② 对分项工程质量计划实施实行跟踪检查的目的是什么？

③ 简述设备、管道保温层的施工质量控制内容？

3) 分析与解答

① 由于市场竞争需要，施工企业要不断提高工程质量创建优质工程，建立品牌展示竞争实力。建设单位要评估其建设活动的成效，需要对其投资建设的工程在质量上有一个客观的评价。社会公众也希望有一批能代表建设领域的优质先进的产品，于是就有了各级的评优活动。国家推荐性标准《建筑工程施工质量评价标准》GB/T 50375—2006 指导规范了评优活动。

② 对分项工程质量计划的实施进行跟踪检查的目的是检查分项工程的质量工作是否按计划进行，检查计划与实际的符合性，发现有差异及时进行纠正或修正改进。

③ 设备和管道保温层的质量控制主要有以下几点：

A. 保温层厚度大于100mm时，应分两层或多层逐层施工，同层要错缝，异层要压缝，保温层的拼缝不应大于5mm。

B. 保温层施工不应覆盖设备铭牌。

C. 水平管道的纵向接缝位置，不应布置在管道截面垂直中心线下部45°范围内。

D. 每节管壳的绑扎不应少于两道。

E. 保温层的接缝要用同样材料的胶泥勾缝。

F. 管道上的阀门、法兰等需经常维护的部位，保温层要做成可拆卸式结构。

4. 其他工程

案例

1) 背景

A公司承建一商用大楼的机电安装工程，开发商仅部分外售，尚有一部分待售即用户尚未确定，因而只能将公用部分的机电工程先安排施工。其中建筑智能化工程的分部质量计划的编制颇为困难，只能从原则上作出规定，因为建筑智能化工程的施工要从用户调查开始。工程中建筑设备的监控系统的质量计划编制可以较具体化，而检测和服务等方面要待补充合同签订后才能提出质量要求。

2) 问题

① 为什么建筑智能化工程的施工要从用户需求开始?

② 为什么建筑设备监控系统的质量计划可以具体化?

③ 建筑智能化工程的售后服务内容有哪些?

3) 分析与解答

① 因为商用房出售或租赁给不同性质的用户，其对智能化系统的需求是各不相同的，具有个性化的特点，所以施工前要对用户的需求做好调查，才能完成切合实际的深化设计工作。

② 建筑设备是该商用楼的公用设施，只要建筑物投入使用其必须全部投入使用，不过是负荷大小而已，所以建筑设备安装和试运行的质量计划编制可以具体化。

③ 建筑智能化工程的售后服务主要表现为对用户的系统管理人员进行培训交底、日常的检测维护以及依据施工合同约定进行升级换代。

七、设备、材料的质量评价

本章对房屋建筑安装工程中使用的设备和材料进行质量评价作出介绍，并通过案例分析学习，以提高评价能力。

（一）技能简介

本节以设备材料进场验收和使用中鉴别材料质量为两个侧面介绍对材料的评价，并对材料送第三方检测注意事项作出介绍，重点是管理为主。

1. 技能分析

（1）房屋建筑安装工程中使用的设备和材料，不论其属于成品或半成品，均称为产品。其制造和销售行为，均应符合产品质量法的规定，其制造的质量责任具有不可推卸的性质，销售商不能推销假冒伪劣、以次充好的产品。这个观点决定了工程设备、材料进场验收采用的方法。

（2）房屋建筑安装工程中使用的设备材料有两个大类。一类是强制认证的产品，产品贴有强制认证标志，如消防的专用产品、压力容器、某些电工材料（3C认证的），这些产品都有特定的生产许可证编号。另一类是一般的通用产品，必须有常规的合格证。这些都是质量检查的关注点。

（3）通常设备应有装箱单和设备安装使用说明书，有的设备还带备品备件及专用工具，这些要在采购订货合同中明确，也是评价设备供货质量的标志。

（4）设备、材料进场检查验收的程序

1）验收准备

准备内容包括：决定参与验收的人员，收集采购协议或合同、质量标准等技术资料，配备相应的检测和计量工具，如有危险品做好安全防范措施，落实材料设备堆放场地。

2）验收方法

① 核对资料

主要对采购订货合同、产品质量证明书、说明书、合格证等文件的符合性进行查验。

② 检验实物

A. 质量验收

由于是产品，应经出厂检验合格才能发货。如发生变异主要是在运输途中发生意外的损害，不会发生质的变异，所以质量验收主要是外观检查。

B. 数量验收

是物资管理的环节，可按不同的包装方式进行不同的检斤、检尺。

③ 验收结论

A. 经验收后，实物的凭证资料、质量、数量检验无误，符合要求，应填写记录，表示可以入库并可发放投入工程中使用。

B. 经验收后，如发现凭证资料不符合、质量不合格、数量不足等现象，也应填写不合格通知单，报主管部门并抄供货商待处理。

C. 验收记录或不合格通知单均应经参与验收的人员签字确认。

（5）外观质量检查的重点是损伤、变形、锈蚀、包装完好程度、各类标识清晰度等。

（6）材料使用中的质量问题处理

1）安装过程中发现材料有质量问题，应停止使用，及时更换合格品。

2）在工程质保期内发现使用中的材料质量问题，应进行检测鉴定，查明原因，确定责任和起因，查明材料供货源头，进行妥善处理。

2. 材料的送检

（1）材料送检的判定

1）国家行政法规规定的涉及结构性安全的材料必须按规定比例送检。

2）依据产品质量法的规定，在材料进场验收时，验收双方对质量有争议时可由第三方检测机构进行检测。

3）技术标准或施工规范的有关条款明确规定的必须检测的材料。

4）从检测的分类来看，可分为强制性检测和争议性检测两种。

5）第三方检测机构具有一定的权威性、独立性和公正性。

① 权威性是指通过政府主管部门批准，具有法定检测资格，其技术专业性强。

② 公正性是指对第一、第二方没有利害冲突，无隶属关系、无经济利益关系。

③ 独立性是指检测机构为经过注册的独立法人单位。

（2）送检的取样

1）取样是从母体中采集样本活动的简称，这是在技术角度的解释。

2）从管理角度上则又有见证取样和协议取样之分。

① 见证取样是强制性检测的样本采取，在建设部所颁《房屋建筑工程和市政基础设施工程实行见证取样和送检的规定》（建设部建建〔2000〕211号）第三条是这样定义的：本规定所称见证取样和送检是指在建设单位或工程监理单位人员的见证下，由施工单位现场试验人员对工程中涉及结构安全的试块、试件和材料在现场取样，并送至经过省级以上建设行政主管部门对其资质认可和质量技术监督部门对其计量认证的质量检测单位进行检测。

② 协议取样是指对材料质量有争议的双方共同协商确定取样部位和取样的比例，通常要征得检测单位的认可。

（3）检测报告的识读

1）检测单位对材料质量检测后出具检测报告。尽管报告的格式各有不同，但其主要内容离不开几个方面，即检测结果、与相关技术标准的对比和结论。

2）对检测报告如有疑问，应向检测单位进行澄清，求得正确的理解。

（二）案例分析

本节以案例分析形式阐明设备、材料质量评价中应关注的要点，通过学习使质量员在材料质量评价的管理工作能力有所提高。

1. 给水排水工程

(1) 案例 1

1) 背景

A 公司中标某大型商场的机电安装工程。开工前对该项目部的现场施工管理人员进行业务强化培训，以适应该工程规模大、管理要求精细化等方面的需要。培训结束需经考核合格才能上岗。考核的命题中有如下几个试题，请协助解答。

2) 问题

① 设备、材料进场验收的程序是怎样的？

② 设备、材料外观质量检查的重点是什么？

③ 常用阀门种类代号和阀体材料怎样用汉语拼音代号区别？（阀门种类以闸阀、截止阀、球阀、安全阀为例，阀体材料以灰铸铁、可锻铸铁、球墨铸铁、铸钢为例）

3) 分析与解答

① 施工用设备和材料进场验收的目的是检查合格的出厂产品是否有在运输过程中发生意外而损伤，导致有质量缺陷或数量丢失。验收的程序是验收准备、进行验收（验收中又分为质量验收和数量验收），最终形成验收结论，即产生各类记录或报告。

② 由于设备材料的理化、力学工艺性能由制造商或供应商承诺负责，否则不能进入流通领域，所以设备材料进场验收的质量验收除查阅各类证件外，主要是外观检查，重点是有无损伤、变形和锈蚀，包装是否完好，各类标识是否完整、清晰等。

③ 阀门种类的代号：闸阀 Z，截止阀 J，球阀 Q，安全阀 A。

阀体材料种类代号：灰铸铁 Z，可锻铸铁 K，球墨铸铁 Q，铸钢 C。

(2) 案例 2

1) 背景

B 公司承建一高层建筑机电安装工程，在对地下室车库消防喷淋管网安装用的镀锌钢管进行进货检验时，发现局部管外壁有零星锈斑，认为可能是镀锌质量有问题或镀锌方法不对，锌层厚度没有符合制造标准厚度。于是通知销售商到场处理，经协商决定先送有资质的检测单检测镀锌质量，待检测报告出来后再作处理。

2) 问题

(1) 这样的送检活动属于什么性质？

(2) 送样检测报告主要内容有哪些？

(3) 如果检测报告告知镀锌质量合格，你认为这批钢管应怎样处理？

3) 分析与解答

① 在材料进场验收时，发现有瑕疵，对质量有争议，可送有资质的检测单位进行检

测,这属于争议性检测,不属于强制性检测。

② 通常检测报告有时间日期、检测环境条件、依据的技术标准、检测方法标准等必备内容。更为送检者关心的是检测的结果,与技术标准的对比和检测结论性意见等三个方面的内容。

③ 检测报告结论如为镀锌质量合格,则镀锌钢管出现局部有零星锈斑现象不应是由镀锌质量不达标而引起的,大部分原因是装卸运输或仓储保管中的作业行为不规范划伤了锌层表面所致,当然应属于销售商的质量责任。故而建议要对镀锌钢管表面实行全数检查,挑出有锈斑的镀锌钢管另行堆放,由销售商更换,可不必全部退货。如果销售商能承诺在使用寿命周期内,再有局部锈斑出现能免费更换则是最佳的选择。

2. 建筑电气工程

(1) 案例1

1) 背景

A公司承建的某学院教学大楼机电安装工程。在建筑工程开始楼面浇筑前,建筑电气工程使用的套接紧定式钢导管进场。材料员告知质量员会同对该批导管进行检查验收,由于验收工作安排有序,既把好了质量关,又加快了验收速度,如期供给施工需要。

2) 问题

① 导管验收前的准备工作有哪些?

② 导管外观质量检查有哪些内容?

③ 材料验收后的结论有几种表达形式?

3) 分析与解答

① 良好的开始,等于成功的一半,所以验收准备工作十分重要。主要内容有选定参与验收的人员,整理采购协议或合同,收集质量标准。从背景可知要收集CECS标准120:2007《套接紧定式钢导管电线管路施工及验收规程》,质量员要事先熟悉一下。配备必要的检测和计量工具(主要是游标卡尺),落实材料堆场等。

② 导管的外观质量检查主要是型号规格符合采购协议规定,管材表面有标识,导管顺直无严重变形,壁厚均匀,焊缝不开裂、内壁无棱刺,镀锌层完整,无剥落和锈斑,管件供给配套无差异。

③ 经验收后对材料的质量和数量均应有结论性的意见,且是书面文件形式,文件需经参与验收人员的签字确认。不论质量验收合格与否,数量验收多少与否,均需出具验收结论意见书。

(2) 案例2

1) 背景

N公司承建一星级宾馆的机电安装工程,电气专业队正在多功能厅进行导管穿线,质量员巡视至作业班组的工作面,发现所使用的BV型塑料绝缘电线标称截面为$6mm^2$的线径偏小,绝缘层厚度也不够,用卡尺初测后得到证实。质量员当即通知作业队暂停使用该批电线,同时告知材料员进行处理。经第三方检测机构检测,证明了质量员判断的准确性。经供应商调换合格品后,重新投入工程中使用。

2) 问题

① 在安装过程中发现材料有质量问题,应怎样处理?

② 电线在进场验收时,应做哪些质量检查?

③ 第三方检测机构的权威性、公正性、独立性表现在哪些方面?

3) 分析与解答

① 安装使用过程中发现材料有质量问题,应通知作业班组停止使用,并告知项目部材料采购供应部门。确认不是由于材料进场后因仓库保管不当而发生的质量问题,则应及时告知供应商,到现场交涉后求得妥善解决,即及时更换合格产品,降低对施工进度计划执行的影响程度。

② 依据现行的《建筑电气工程施工质量验收规范》GB 50303—2002 的规定,电线进场验收的主要内容有:按批查验合格证,合格证应有生产许可证编号,列入 3C 认证名录的应有认证标志,外观检查应包装完好,抽检电线绝缘层完整无损、厚度均匀,按制造标准抽检圆形芯线的线径和绝缘层的厚度。

③ 第三方检测机构的权威性表现为经过政府主管部门批准,具有法定检测资格;公正性表现为与第一、第二方没有任何利害关系;独立性表现为检测机构经过注册是独立的法人单位。

3. 通风与空调工程

(1) 案例 1

1) 背景

A 公司承建体育馆机电安装工程,其中通风与空调工程的镀锌钢板矩形风管由通风专业队自行制作。质量员参与了镀锌钢板的进场验收。在制作风管的工场,质量员查阅了施工图纸,发现矩形风管长边小于 1000mm 大于 630mm 规格的部分风管,作业队正要用 0.6mm 板厚的镀锌钢板下料,进行了纠正,避免了返工。

2) 问题

① 为什么镀锌钢板进场验收只做外观质量检查?

② 镀锌钢板外观质量应是怎样的?

③ 为什么质量员要纠正作业队错用板材?

3) 分析与解答

① 因为镀锌钢板是一种工业产品,其制造与销售行为应符产品质量法的规定。基于这个观点,通常情况下,材料进场验收只查验制造厂出具的产品合格证和查核有否因运输和保管原因造成材料外表损伤,所以进场验收的重点放在外观质量验收。

② 镀锌钢板外观检查的要求是表面不得有裂纹、结疤及水印等缺陷,应有镀锌层结晶花纹,且不应有锈斑。

③ 质量员查阅施工图纸,图纸上未标注风管壁厚尺寸,但说明中写有风管壁厚按施工规范执行,于是质量员又查阅了规范,规范中明确指出,中低压系统的矩形风管若长边尺寸 b 在 630mm~1000mm 间,钢板厚度应为 0.75mm,作业队使用 0.6mm 钢板下料是不符规定的,所以进行了纠正。

(2) 案例 2

1) 背景

A 公司承建一制药厂的机电安装工程,项目部质量员在巡视中发现制药车间净化空调风管连接工作时,一年轻工人用乳胶海绵作风管接口垫料,当即制止,并说明理由,年轻工人也改正了不符合要求的做法。质量员在地下室对无机玻璃钢风管加工质量巡视时,对保温式风管保温隔热层切割面的粘结密封提出了建议,同时对复合风管安装用吊杆的直径做了明确的说明。

2) 问题

① 为什么净化空调风管接口不能用乳胶海绵做垫料?

② 保温式风管隔热层切割面粘结密封料的要求应怎样?

③ 怎样选用复合风管吊架吊杆的直径?

3) 分析与解答

① 净化空调风管的接口垫料不应易老化或产尘,而乳胶海绵易老化而产生尘埃,影响空调的洁净度,所以质量员要纠正年轻工人的作业行为。

② 保温式风管保温隔垫层切割面在风管连接时应采用与其材质相同的胶凝材料或树脂作涂封,首选是材质相同的胶凝材料。

③ 复合风管吊架吊杆圆钢的直径与风管的种类和风管的规格尺寸有关,质量员用表做了说明(见表 7-1)。

风管类别与吊架吊杆直径关系表　　　　　　　　　　表 7-1

风管类别 \ 吊杆直径(mm)	$\phi 6$	$\phi 8$
聚氨酯复合风管	$b \leqslant 1250mm$	$1250mm < b \leqslant 2000mm$
酚醛复合风管	$b \leqslant 800mm$	$800mm < b \leqslant 2000mm$
玻纤复合风管	$b \leqslant 600mm$	$600mm < b \leqslant 2000mm$

注:b 为矩形风管长边长度。

4. 其他工程

(1) 案例 1

1) 背景

B 公司承建宾馆地下室车库自动喷水灭火消防工程。在开工前,项目部施工员会同质量员对作业队组作技术质量交底。质量员对闭式喷头的质量评价、制作支架用型钢和电焊条外观质量检查要求,以及消防用的材料设备的选用原则做了说明。

2) 问题

① 消防工程材料、设备的选用原则是什么?

② 制作支架用型钢和电焊条外观质量检查的内容有哪些?

③ ZST 型闭式喷头的技术参数有哪些?

3) 分析与解答

① 按消防法的规定确定消防工程施工用的产品(设备、材料)必须符合国家标准,

没有国家标准的必须符合行业标准。不得使用不合格产品以及国家明令淘汰的消防产品。

② 制作支架用型钢和电焊条外观质量检查内容有：型钢表面无严重锈蚀（即无锈皮脱落现象）、无过度弯曲扭曲现象或弯折变形现象，电焊条包装完整、拆包抽检焊条尾部无锈斑。

③ ZST 型闭式喷头的技术参数有工作压力（1.2MPa）、公称直径 15mm、流量系数 K（80±4）、接口螺纹（1/2 寸）、额定工作温度和最高环境温度以及相适应的各种不同颜色的玻璃球色标（有橙、红、黄、绿、蓝）、玻璃球直径（5mm）等。

(2) 案例 2

1) 背景

A 公司承建的某医院病房大楼建筑智能化工程，有建筑设备自动监控系统、通信网络系统、火灾自动报警及消防联动系统和安全防范系统等。由于智能化工程的施工建设实施要从用户需求调查开始，然后进行深化设计，尽最大限度地满足用户需要，包括所使用的材料器件的品牌在内，因而每个建筑智能化工程都有较强的个性化。为此 A 公司医院项目部的质量员在施工一开始就介入了对材料器件选购等环节的质量把关，使工程实施进展顺利，质量获得好评。

2) 问题

① 对建筑设备监控系统的器件采购应注意什么问题？

② 选取供应商要注意什么？

③ 建筑设备监控系统的施工与试运行要注意哪些要点？

3) 分析与解答

① 对设备、器件的采购合同中应明确智能化系统供应商的供货范围，即明确智能化工程的设备、器件与被监控的其他建筑设备、器件间的界面划分，使两者的接口能符合匹配。

② 深化设计经批准后即确定了设备、器件、材料的型号规格，并初步确定了采购方向，即初选了供货商，经业主认同后实施采购。供货商的选定要从设备、材料、器件的品牌和质量及供货商的售后服务等三方面进行考虑。

③ 智能化工程的施工，每个分项均应先做样板，经业主或监理确认后才能全面实施展开。各被智能化系统监控的其他建筑设备应在本体试运行合格符合要求后，才能投入被智能化系统的监控状态。火灾报警及消防联动系统的试运行符合性要由公安部门消防监管机构确认，安全防范系统的试运行符合性要由公安部门监管机构确认。

八、施工试验结果判断

本章以房屋建筑安装工程中给水排水工程、建筑电气工程和通风与空调工程为主,介绍施工过程中的试验及最终试验的内容,同时对怎样判断试验的结果做出描述。希望通过学习,提高学习者对安装工程施工试验活动的感性认识及对试验结果的判断能力。

(一)技能简介

本节主要阐述安装工程施工试验的类别、试验的条件和组织,同时介绍试验结果判断的依据。

1. 技能分析

(1)设备安装的施工试验分类

1)从时间阶段划分,设备安装工程的施工试验可分为施工准备阶段的施工试验,如设备材料进场验收时的检验、给水工程阀门安装前的强度和严密性试验;施工过程中的施工试验,如电气照明工程灯具接线前对电线绝缘强度的测试,隐蔽的排水管道在隐蔽前要做灌水试验;最终交工验收阶段的施工试验,即各类的试运行,如通风与空调设备单机试运行和风管出风口的风量分配调试、测量,电气工程变配电所的电气调整试验(即交接试验)。

2)从试验状态划分,可分为静态试验和动态考核两类

① 静态试验,是指已建成的工程实体,其动设备不运转、管路内介质不流动、线缆内电流不流通的一种对承载能力的试验。如给水管道的强度和严密性试验,排水管道的通球试验,电线电缆的耐压强度试验,通风管道的漏光检测试验,消防喷淋管网的强度试验,智能化工程元器件的单体校验等。

② 动态考核,是指已建成的工程实体,其动设备受动力驱动而运转、管路内有介质按设计要求而流动、线缆通电电气装置动作的一种功能性的考核,目的是鉴别其功能是否符合设计预期要求。动态考核又分为单机试运转、系统联合试运转、无负荷试运转、负荷试运转等。如模拟生产或使用的试运转又称为试运行。

A. 单机试运转,是单个动设备的试运转,不与管路或其他装置联动,甚至可以临时拆开,仅试验设备自身的性能是否符合规定要求。如水泵、风机的单体运转用以考核其振动、部件的温升,又如冷水机组、锅炉的试运转不向外输出任何物料,也属于单机试运转。

B. 系统联合试运转,是指动设备与管路或其他装置联动一起进行考核,运转时系统内有物料流动,用以考核每个系统是否能符合设计规定的功能要求。如配电柜的每条馈电

线路是否能通过自动开关经电缆将电源供给的电能顺利地送至用电点,又如给水泵能否经管路将地下水池的清水泵送至屋顶的高位水箱等。这样试运转的特征是按每个系统进行。

C. 无负荷试运转。所谓负荷是指房屋建筑安装工程的工程实体的出力,例如水泵及其输送管路的流量、电线电缆的电流、通风风口的风量等,这些量化了的指标都是在工程设计时给以确定的。无负荷试运转是指试运转时工程实体基本无出力或出力很小,只是考核其联动状态是否正常,控制是否可靠正确,能否持续运行。但有的工程是无法无负荷试运行的,典型的是照明灯具的线路,只要灯具试亮,负荷就是全部电流流过。

D. 负荷试运转,是指工程实体在设计确定的出力情况下进行试运转,这是最终检验设备材料制造、安装施工和工程设计的质量及性能是否能满足用户需要的关键试运转。有些工程负荷试运转要在建筑物投入使用后才能真实反映试运转的实际效果,比如影剧院的演出大厅的通风与空调工程只有在足够的观众出席情况下才能得出负荷试运转的真实效果。

(2) 设备安装施工试验主要项目

按《建筑工程施工质量验收统一标准》GB 50300—2001 的规定,房屋建筑安装工程的施工试验以专业划分有如下主要项目。

1) 给水与排水工程

① 给水管道强度、严密性试验。

② 给水管道冲洗、消毒试验。

③ 排水管道灌水、通球、通水试验。

2) 建筑电气工程

① 接地电阻、绝缘电阻测试。

② 高、低压电气设备交接试验。

③ 照明全负荷通电试验。

3) 通风与空调工程

① 制冷、制热设备试运行试验。

② 通风与空调风管系统调试试验。

③ 空调冷、热水管道强度严密性试验。

④ 洁净空调洁净度测试。

4) 消防工程

① 消火栓试射试验。

② 消防管网强度、严密性试验。

5) 建筑智能化工程

① 设备调试试验。

② 系统功能检测试验。

(3) 试验结果的判断依据

1) 设备、材料安装前的试验

① 设备材料的制造技术标准。

② 相应采购合同中的补充规定。

2) 房屋建筑设备安装工程实体试验
① 相关的施工质量验收规范或施工及验收规范。
② 工程承包合同中的关于试验质量要求的补充规定。

2. 设备安装工程试运行的条件和组织

（1）试运行的条件
1) 试运行范围内的工程已按合同约定全部完工，并经自检静态检查质量合格。
2) 试运行所需的电力、供水、供汽、供气均接入到位。
3) 试运行涉及的环境、场地已清理。
4) 试运行的方案已批准。
5) 试运行组织已建立，试运行操作人员已经培训、考核合格。
6) 为防范试运行过程发生安全意外事件，在试运行方案中提出的防护措施等已落实到位。
7) 试运行使用的物资或检测用仪器仪表已按方案要求落实备齐。
8) 对试运行准备工作进行检查，确认符合方案要求。
（2）试运行的组织
1) 单机试运行（转）由施工单位负责，监理单位、生产厂商酌情参加。
2) 联合试运行（转），由业主（建设单位）负责，施工单位负责对操作岗位的监护，并处理试运行中出现的问题。
如建设单位要施工单位负责组织联合试运行，则应签订补充合同进行约定。
（3）试运行中使用的仪器、仪表的要求
1) 符合试运行中检测工作的需要。
2) 精度等级、量程等技术指标符合被测量值的需要。
3) 必须经过检定合格，有标识，在检定周期内。
4) 外观检查部件齐全，无明显锈蚀和受潮现象。
5) 显示部分如指针或数字清晰可辨。

（二）案 例 分 析

本节以案例形式，介绍房屋建筑安装工程施工试验的注意事项，以及怎样判断试验结果的正确性，通过学习以提高质量员的专业技能。

1. 给水排水工程

（1）案例1
1) 背景
某公司承建一所大学教学楼的机电安装工程，其中给水管道安装要做两种强度检测（即管道试压），分别是单项试压和系统试压。为此专业施工员做了试压前的准备，并组织实施作业。由于准备充分，措施有力，试压工作达到了预期效果。

2) 问题

① 在给水管道试压前做哪些准备工作？

② 管道试压的步骤应怎样组织？

③ 不同材质的给水管道，其试压合格的标准是怎样规定的？

3) 分析与解答

① 试压前施工员应先确定试压的性质是单项试压还是系统试压，检查被试压的管道是否已安装完成，支架是否齐全固定可靠，预留口要堵严，有的转弯处设临时档墩避免管道试压时移位，确定水源接入点，检查试压后排放路径，决定试压泵的位置，依据试验压力值选定两只试压用压力表，确认其在检定周期内，向作业人员交底等均为施工员应做的试压前准备工作。冬季还要做防冻措施。

② 基本步骤如下：

A. 接好试压泵。

B. 关闭入口总阀和所有泄水阀门及低处放水阀门。

C. 打开系统内的各支路及主干管上的阀门。

D. 打开系统最高处的排气阀门。

E. 打开试压用水源阀门，系统充水。

F. 满水后排净空气，并将排气阀关闭。

G. 进行满水情况下全面检查，如有渗漏及时处理，处理好后才能加压。

H. 加压试验并检查，直至全面合格。加压应缓慢长压至试验压力。

I. 拆除试压泵、关闭试压用水源、泄放系统内试压用水，直至排净。

③ 试压合格标准要符合施工设计的说明，如施工设计未注明时，通常为：

A. 各种材质的给水管，其试验压力均为工作压力的 1.5 倍，但不小于 0.6MPa。

B. 金属及复合管在试验压力下，观察 10min，压力降不大于 0.02MPa，然后降到工作压力进行检查，以不渗漏为合格。

C. 塑料管在试验压力下，稳压 1h，压力降不大于 0.05MPa，然后降到工作压力的 1.15 倍，稳压 2h，压力降不大于 0.03MPa，同时进行检查，以不渗漏为合格。

(2) 案例 2

1) 背景

某公司承建的学生宿舍楼为多层建筑，东西两侧都设有卫生间，屋顶雨水排放管为暗敷在墙内，在排水管道施工过程中要做检测试验。为此项目部施工员编制了试验计划，实施中有力保证了工序和工种的衔接，促使施工进度计划正常执行。

2) 问题

① 该宿舍楼排水管道工程施工中什么部位要做试验检测？（指隐蔽部位）

② 排水管道灌水试验合格怎样判定？

③ 什么是排水管道的通球试验？

3) 分析与解答

① 排水管道施工中如属于隐蔽工程的，隐蔽前均应做灌水试验。该宿舍楼有两种部位，第一是雨水排水管道，第二是东西两侧卫生间首层地面下的排水管道。

② 雨水管道灌水试验的灌水高度必须到每根立管上部的雨水斗，试验持续时间 1h，不渗漏为合格。

卫生间排水管灌水试验的灌水高度不低于底层卫生洁具的上边缘或底层地面，满水 15min，水面下降后，再灌满观察 5min，液面不降、管道接口无渗漏为合格。

③ 通球试验是对排水主立管和水平干管的通畅性进行检测，用不小于管内径 2/3 的木制球或塑料球进入管内，检查其是否能通过，通球率达到 100% 为合格。

2. 建筑电气工程

（1）案例 1

1）背景

某施工现场开工后，先做塔式起重机基础，为方便材料进场，拟先将两台塔吊组立起来。项目部提出要先测定塔吊防雷的接地装置的接地电阻值，合格后再组立塔吊，于是施工员用仪表实施了接地装置的检测。

2）问题

① 为什么先检测接地装置的接地电阻值？

② 接地电阻测量方法有哪些？接地电阻测量仪 ZC-8 的应用要注意哪些事项？

③ 为什么要至少测两次取平均值，什么时候测量较合适？

3）分析与答案

① 因为塔吊上避雷针的避雷原理是将大气过电压（雷电）吸引过来泄放入大地而防止其闪击塔吊造成损害，而泄放入大地要经过接地装置，如接地不良即接地电阻值不符合规定，则泄放雷电会失效，而形成更大的雷击几率，造成更多的危害，所以项目部提出要先测接地装置接地电阻值，合格后再立塔吊。若经测不合格应增加接地极，直至合格为止。

② 接地电阻测定的方法较多，有电压电流表法、比率计法、接地电阻测量仪测量法等。

ZC-8 接地电阻测量仪使用的注意事项有：

A. 接地极、电位探测针、电流探测针三者成一直线，电位探测针居中，三者等距，均为 20m。

B. 接地极、电位探测针、电流探测针各自引出相同截面的绝缘电线接至仪表上，要一一对应不可错接。

C. ZC-8 仪表放置于水平位置，检查调零。

D. 先将倍率标度置于最大倍数，慢转摇把，使零指示器位于中间位置，加快转动速度至 120r/min。

E. 如测量标度盘读数小于 1，应调整倍率标度于较小倍数，再调整测量标度盘，多次调整后，指针完全平衡在中心线上。

F. 测量标度盘的读数乘以倍率标度即得所测接地装置的接地电阻值。

③ 为了正确反映接地电阻值，通常至少测两次，两次测量的探针连线在条件允许的情况下，互成 90°角，最终数值为两次测得值的平均值。

接地电阻值受地下水位的高低影响大,所以建议不要在雨中或雨后就测量,最好连续干燥10天后进行检测。

(2) 案例2

1) 背景

某市民航机场的机电安装工程由A公司承建,该工程的电气动力中心的主开关室到各分中心变配电所用电力电缆馈电,每根电缆长度达1km以上。项目部施工员在试送电前要求作业班组在绝缘检查合格后才能通电试运行,认为用高压兆欧表(摇表)测试电缆绝缘状况是常规操作,所以未做详细交代。结果个别班组作业人员遭到被测电缆芯线余电放电击,虽无大碍,但影响了心理健康。

2) 问题

① 长度较长的电缆为什么在绝缘测试中会发生电击现象?

② 怎样应用兆欧表测试电缆的绝缘电阻值?

③ 从背景中可知施工员交底中有什么缺陷?

3) 分析与解答

① 兆欧表摇测电缆芯线绝缘时,实则对电缆充电检查其泄漏电流的大小,以判断其绝缘状况。高压兆欧表的充电电压可达2500V,若电缆绝缘状况良好,绝缘测试后,芯线短时内仍处于高电压状态,电缆线路越长,其电容量越大,测试后其贮存的电能量越大,短时内不会消失。所以电气测试的有关规程规定,测试完毕应及时放电,否则易造成人身伤害。这个原则不光对较长电缆的测试适用,对电容量大的如大型变压器、电机等的绝缘测试也适用。

② 用兆欧表测量绝缘电阻值基本方法如下:

A. 兆欧表按被试对象额定电压大小选用。100V以下,宜采用250V50MΩ及以上的兆欧表;500V以下至100V,宜采用500V100MΩ及以上兆欧表;3000V以下至500V,宜采用1000V2000MΩ及以上兆欧表;1000V至3000V,宜采用2500V10000MΩ及以上兆欧表。

B. 测试操作

a. 水平放置兆欧表,表的L端钮与被测电缆芯线连接,表的E端钮与接地线连接,其余电缆芯线均应接地。

b. 匀速摇转兆欧表,达120转/分,待指针稳定后读取记录该相芯线绝缘电阻值。

c. 测试完仍保持转速,断开L端钮接线,停止摇转兆欧表。

d. 用放电棒对该相芯线放电,不少于2次。

e. 同法测另外芯线的绝缘电阻值。

③ 从背景可知,施工员仅对作业班组作了工作任务布置,没有提醒要注意的安全操作要领。

3. 通风与空调工程

(1) 案例1

1) 背景

A公司承建的某大楼防排烟通风工程,经试运转和调试检测,形成调试报告,经业主送有关机构审核，审核通过后可办理单位工程交工手续。审核中发现有些检测数据不符合规定，发回整改，要求重新调试检测。

2）问题

① 防排烟通风工程调试检测的准备工作包括哪些内容？

② 调试检测主要用什么仪表，几个关键场所的风压、风速数据是多少？

③ 防排烟系统的联动关系是怎样的？

3）分析与解答

① 调试检测的准备工作有三个方面：

A. 人员组织准备，包括施工、监理和业主及使用单位等相关人员。

B. 调试检测方案准备，内容包括调试程序、方法、进度、目标要求等，方案应经审批后才能实施。

C. 仪器、仪表准备，其性能可靠，精度等级满足要求、检定合格在有效期内。

② 调试用的主要仪表是微压计和风速仪。正压送风机启动后，楼梯间、前室、走道风压呈递减趋势，防排烟楼梯间风压为40Pa～50Pa，前室、合用前室、消防电梯前室、封闭的避难层（间）为25Pa～30Pa。启动排烟风机后，排烟口的风速宜为3m/s～4m/s，但不能大于10m/s。

③ 防排烟系统的联动关系为：

A. 正压送风系统

火灾报警器或手动报警器启动→正压送风口打开→正压送风机启动。

同时信号返回消控室，显示送风口和送风机工作状态。

B. 排烟系统

防烟分区内火灾报警器或手动报警器启动报警→排烟口打开→排烟风机启动。

（2）案例2

1）背景

B公司承建的一办公大楼通风与空调工程在联合试运转后，经风量调整，办公人员陆续迁入，但发现环境条件与设计预期差异较大。查阅交工资料后，未找到通风与空调工程的综合效果测定资料。B公司认为当时处于无负荷状态，综合效果测定无实际意义，现在既然已搬进办公，对通风与空调的各项指标可以在负荷状态下进行检测以验证设计与施工的符合性，是科学合理的，同意表示择时做综合效果的测定。

2）问题

① 综合效果测定的前提条件是什么？目的又是什么？

② 综合效果测定中的主要检测项目包括哪些内容？

③ 空调与通风工程综合效果测定后，还要做些什么工作？

3）分析与解答

① 通风与空调工程在无生产负荷下的试运转和调试，是指在房屋建筑未曾使用情况下的试运转和调试，但对工程的设备及整个系统不是空载的而是有负荷，实际上这是整个试运转的第一步，也是必须经过的一个过程，是综合效果测定的必备条件。综合效果测定的目的是考核通风与空调工程在实际使用中能否达到预期的效果，因为这种情况下的测

定，效果真实，干扰多，考验着系统的调节功能是否完善，是否要改进。

② 综合效果测定的内容包括室内的风速分布、温度分布、相对湿度分布和噪声分布四个方面。风速即气流速度用热球式风速仪测定，温度可用水银温度计在不同标高平面上测定，相对湿度用自记录式毛发温度计测定，噪声用声级计测定选点在房间中心离地面高度1.2m处测定。

③ 如综合效果测定与设计预期差异较大，则应给以调整，要使室内气象条件各项指标符合要求，而且处于经济运行状态。当然这是与整个系统的设备先进程度和自动化水平高低直接相关的。

4. 其他工程

案例

1) 背景

A公司承建的某学院学生宿舍楼机电安装工程中含有供热系统的锅炉房及水泵房等机械设备安装，工程已处于收尾阶段，进入试运行程序。水泵的单机试运行已由A公司项目部开始进行，待锅炉设备检查合格，锅炉安全阀送检检定后，便可与供水泵房一起进行联合负荷试运转，向宿舍楼供热水。

2) 问题

① 水泵房的离心水泵怎样进行单机试运转？
② 机械设备单机试运转的目的是什么？
③ 锅炉与供水泵房联合负荷试运转怎样分工？

3) 分析与解答

① 离心水泵单机试运转的程序如下：

A. 关闭排水管路阀门，打开吸水管路阀门。

B. 吸水管内充满水，排尽泵体内的空气。

C. 启动水泵电动机，待转速正常后，徐徐开启排水管阀门，要注意泵启动后，排水管阀门的关闭时间一般不应超过2~3min，若时间太长泵内液体会发热，造成事故。

D. 泵在额定工况下连续试运行时间不少于2h。

E. 检查出水压力、轴承温升、泵体振动、轴瓦处渗水状况、电动机电流等均正常，则判定试运行合格。

② 机械设备单机试运转的目的是判定设备本体性能是否符合设计预期要求，同时辨识该设备是否可以投入系统参加联合试运行。

③ 锅炉与供水泵房的联合负荷试运转应由业主（建设单位）负责组织，施工单位负责对操作岗位的监护，并处理试运转中出现的问题。

如建设单位要施工单位负责组织联合试运转，则应签订补充合同进行约定。

九、施工图识读

本章在工程图绘制知识掌握后,对如何提高阅读能力、正确理解图纸、提高读图方法和技巧作出介绍,通过学习以利增强专业技能。

(一) 技 能 简 介

本节以给水排水工程图、建筑电气工程图、通风与空调工程图为主介绍读图步骤,同时对三视图与轴测图的转换做出说明,简要探讨建筑施工图与安装施工图的关系。

1. 技能分析

(1) 给水排水工程图的识读步骤(含通风与空调工程图)

1) 用三视图阅读施工图的方法是基本一样的,所以仅对管道和通风与空调工程特有的图例符号和轴测图等作出提示。

2) 图例符号的阅读

① 阅图前要熟悉图例符号表达的内涵,要注意对照施工图的设备材料表,判断图例的图形是否符合预期的设想。

② 阅图中要注意施工图上标注的图例符号,是否图形相同而含义不一致,要以施工图标示为准,以防阅读失误。

3) 轴测图的阅读

① 房屋建筑安装中的管道工程除机房等用三视图表达外,大部分的给水排水工程用轴测图表示,尺寸明确,阅读时要注意各种标高的标注,有些相同的布置被省略了,而直管段的长度可以用比例尺测量,也可以按标准图集或施工规范要求测算,排水是重力流,阅图时要注意水平管路的坡度值和坡向。通常只要有轴测图和相应的标准图集就能满足施工需要。

② 空调系统的立体轴测图,从图上可知矩形风管的规格、安装标高、部件(散流器、新风口)和设备(迭式金属空气调节器)的规格或型号,风管的长度可用比例测量确定。但有的图缺少风管和设备与建筑物或生产装置间的布置关系,也没有固定风管用的支架或吊架的位置,所以还需要其他图纸的补充才能满足风管制作和安装施工的需要。

4) 识读施工图纸的基本方法

① 先阅读标题栏,可从整体上了解名称、比例等,使之有一个概括的认识。

② 其次阅读材料表,使对工程规模有一个量的认识,判断是否有新材料使用,为采取新工艺作准备。

③ 从供水源头向末端用水点循序渐进读取信息,注意分支开叉位置和接口,而污水管网则反向读图直至集水坑,这样可对整个系统有明晰的认知。当然施工图纸提供系统图

的要先读系统图。可以了解管网的各种编号。

④ 要核对不同图纸上反映的同一条管子、同一个阀门、同一个部件的规格型号是否一致，同一个接口位置是否相同。

⑤ 要注意与建筑物间的位置尺寸，判断是否正确，作业是否可行。

⑥ 有绝热护层的要注意管路中心线间距是否足够。

⑦ 最终形成对整个管网的立体概念。

⑧ 与构筑物有连接的位置需复核在建筑施工图上埋件位置和规格尺寸。

（2）建筑电气工程图的识读步骤

1）识读步骤

阅读施工说明→阅读系统图→阅读平面图→阅读带电气装置的三视图→阅读电路图→阅读接线图→判断施工图的完整性。

2）注意事项

① 虽然有标准规定了图例，但有可能根据本工程特殊需要，另行在施工图上新增图例，阅图时要注意，以免造成误解。

② 电气工程许多管线和器件依附在建筑物上，而设备装置是组立或安装在土建工程提供的基础上或预留的孔洞里，很有必要在阅读电气工程施工图的同时，阅读相关的建筑施工图和结构施工图。

③ 无论是系统图、电路图或者是平面图，阅读的顺序从电源开始到用电终点为止。依电能的供给方向和受电次序为准。

④ 要注意配合土建工程施工的部分，不使遗漏预留预埋工作，不发生土建工程施工后电气设备装置无法安装的现象。

⑤ 注意各类图上描述同一内容或同一对象的一致性，尤其是型号、规格和数量的一致性。

⑥ 注意改建扩建工程对施工安全和工程受电时的特殊规定。

（3）通风与空调工程图识读的补充

1）通风与空调工程图识读的方法和步骤基本上与给水排水工程图的识读相同，由于通风空调工程与建筑物间的相对位置关系更加密切，建筑物实体尺寸影响着风管的实际形位尺寸，体现在风管制作前的对风管走向和安装位置的测绘，以利草图的绘制，因而应在阅读通风与空调工程图的同时，阅读相关的建筑结构图。

2）如果建筑物有部分混凝土风管，要对金属风管与混凝土风管的连接处注意其连接方法和接口的结构形式，尽力做到降低漏风的可能性。

3）许多风口安装在建筑物表面，有装饰效果，且形状多种，阅图或安装要注意与建筑物的和谐协调，也就是说，这部分风口的安装位置和选型要在阅读工程图时先作打算，在施工前要与土建、装饰等施工单位共同做好建筑物表面的平面布置草图。

2. 图的转换

（1）三视图转换成轴测图

1）在给水排水工程和通风与空调工程的施工图中大量采用轴测图表示，原因是立体感强，便于作业人员阅读理解，因而把三视图转换成轴测图便成为一种基本技能。

2) 转换的步骤如下。

① 选定轴测图的类别（正等、斜等）。

② 确定 X_1、Y_1、Z_1 三个方向的轴测轴。

③ 在三视图上测量每段管线的长度。

④ 不计伸缩系数，（为方便计量）先将平行于投影轴 X、Y、Z 的直线管段移至轴测图，注意管间的连接关系。

⑤ 平行于三视图投影面的斜线要先明确斜线两端的坐标位置。

⑥ 如有曲线则应细分为各小段，视作直线逐段移至轴测图上。

⑦ 需要说明的是通常转换的是较简明管网并不复杂的三视图。

(2) 工艺流程图与三视图的关系

因为工艺流程图仅表明机械设备、容器、管道、电气、仪表等的相互关系和物料的流向，所以在三视图中其相互关系，尤其是管路接口位置必须符合工艺流程图示意位置，不能违反。否则无法完成工艺要求。

（二）案 例 分 析

本节以案例形式说明阅读施工图纸的方法和能力，通过分析与解答加深对图纸的理解和判定。

1. 给水、排水工程图

(1) 案例 1

1) 背景

如图 9-1 所示是有一污水管网的轴测图，请分析该图提供了哪些信息？

2) 问题

① 从图分析，这个排水系统属于什么制式？

② 哪根立管属于淋浴间汇水管，哪根立管属于盥洗台立管？

③ 所有标高相对零点（±0.00）在哪里，要否参阅大样图？

3) 分析与解答

① 从编号 PL-4 立管底部可知生活废水经埋于标高-0.500，坡度为 2% 的横管向墙外排入雨水沟，再向外排放，可见这是雨污水混流制排放。

② PL-3 立管上每分支管上有两个带水封的地漏，PL-4 立管分支上有存水弯，因此可知 PL-3 立管为淋浴间汇水管，PL-4 立管为盥洗台汇水立管。

③ 相对标高±0.00 应是该建筑物的首层地面，要参阅大样图或详图，图的编号是 $\frac{P}{2}$。

(2) 案例 2

1) 背景

如图 9-2 所示为自动喷水灭火系统的湿式报警阀组。

2) 问题

① 为什么报警阀的上腔、下腔的接口不能接错？

② 湿式报警阀组采取了哪些措施防止误报？
③ 试述水力警铃的基本工作原理？

3）分析与解答

① 报警阀的上腔接带有洒水喷头的消防管网，下腔接消防水源（泵、高位水箱等供水管路），平时上腔压力略大于下腔压力，阀座上的多个小孔被阀瓣盖住而密封，当洒水喷头洒水灭火时管网压力下降，报警阀的下腔压力大于上腔压力，且压差大于一定数值，阀瓣迅速打开，消防水源向消防管网供水灭火，同时向水力警铃供水报警，基于此，报警阀的上下腔接口不能接错，否则失却功能。

② 为了防止因水压波动发生误动误报警，主要采取了两个措施，一是报警阀内设有平衡管路，平衡因瞬时波动而产生的上下腔差压过大而误报，二是在报警阀至警铃的管路上设置延时器，如发生瞬时水压波动而产生报警阀输送少许水量至警铃，延时器可吸收这少量的水而不致警铃发生误动作。

③ 水力警铃是一种水力驱动的机械装置，当消防用水的流量等于或大于一个喷头的流量时，压力水流沿报警支管进入水力警铃驱动叶轮，带动铃锤敲击铃盖，发出报警声响。

2. 建筑电气工程图

（1）案例 1

1）背景

如图 9-3 所示是施工现场常用的三相交流电动卷扬机需正反转的电动机的控制电路。

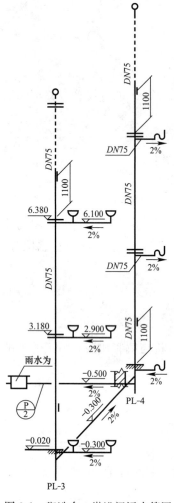

图 9-1 盥洗台、淋浴间污水管网

2）问题

① 电动机能正反转的原理是什么？
② 热继电器的符号是什么？其工作的原理是什么？
③ 从控制电路分析，图上有哪些安全保护措施？

3）分析与解答

① 从电工学基础可知，三相交流电动机接入三相交流电源后，在电机的转子与定子间的气隙中产生一个旋转磁场，带动转子与旋转磁场同方向旋转，而旋转磁场的旋转方向与接入电源的相序有关，如图中的电源接入为 L1→U_4、L2→V_4、L3→W_4，则旋转磁场为顺时针方向旋转，电动机转子称为正向旋转，只要电源接入方式两相互换一下，如 L1→W_4、L2→V_4、L3→U_4，旋转磁场便逆时针旋转而使电动机转子逆时针旋转，这是三相交流电动机可正反转的基本原理。但必须注意只调换两相，如三相顺序调换 L1→W_4、L2→U_4、L3→V_4 是不会反向旋转的。

② 热继电器的符号为 FR，发热元件接在电动机引入电源的主回路中，其动作后要开断的接点接在控制回路 2-4 之间。热继电器是电动机的过电流（过负荷）的保护装置，基

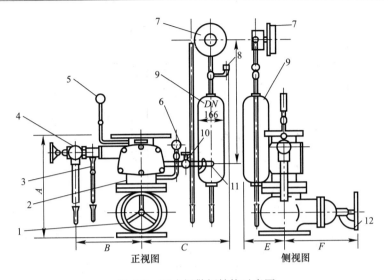

图 9-2 湿式报警阀结构示意图

1—控制阀；2—报警阀；3—试警铃阀；4—放水阀；5、6—压力表；7—水力警铃；8—压力开关；9—延时器；
10—警铃管阀门；11—滤网；12—软锁

本原理是电动机工作在过电流状态，热继电器的发热元件会使近旁的双金属片因线膨胀系数不同而弯曲，达到电流的过负荷镇定值，则弯曲的程度足以拨动接点由闭合而断开，使控制电路断电，接触器 KM 衔铁线圈失电而断开电动机主回路，电动机停止运转。

③ 为了防止接触器 KM1、KM2 同时吸合发生严重的短路现象，在电气线路上采取联锁连结在 5-7 间接入 KM2 的常闭辅助接点、在 11-13 间接入 KM1 的常闭辅助接点，这样保证了 KM1 吸合时其辅助接点打

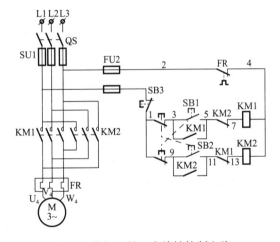

图 9-3 按钮互锁双向旋转控制电路

开 KM2 的吸合电源，同理 KM2 吸合其辅助接点打开 KM1 的吸合电源，有效地防止同时吸合，另外按钮 SB1、SB2 也起到防止同时吸合的作用，按动 SB1 接通 KM1 吸合线圈的同时打开了 KM2 吸合线圈，SB2 也有同样的功能，这是机械联锁的结果。此外，还有热继电器的过负荷保护和熔断器 FU1、FU2 的线路短路保护，有的制造商将 KM1、KM2 可动衔铁用杠杆连在一起，从机械上防止同时吸合。

(2) 案例 2

1) 背景

为了防止突然停电引发事故造成损失，经常要准备备用电源，如图 9-4 所示为双电源自动切换控制电路，也是重要施工现场常用的电路，请分析工作原理和安全注意事项。

2) 问题

① 施工现场双电源自动切换使用要注意哪些安全事项？

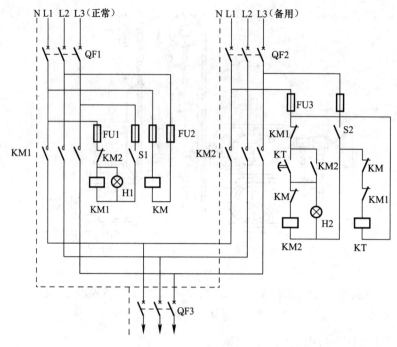

图 9-4 双电源自动切换控制电路

② 试述自动切换的工作顺序？
③ 为什么备用电源要延时投入？

3）分析与解答

① 正常供电电源的容量要满足施工现场所有用电的需要，通常备用电源的容量比正常电源的容量要小，当正常电源失电时，以确保施工现场重要负荷用电的需要，这是为了经济合理、节约费用开支的考虑和安排。为用电安全，正常电源和备用电源不能并联运行，电压值保持在相同的水平，尤其是两者接入馈电线路时应严格保持相序一致。

② 正常供电电源，通过隔离开关 QF1、接触器 KM1 和隔离开关 QF3 等的主触头向施工现场配电线路供电。正常供电时，合上 QF1 和控制开关，接触器 KM1 线圈通电，主触头闭合，合上 QF3 向施工现场供电。合上 QF1 时，中间继电器 KM 线圈吸合，与 KM1 的常闭辅助触头一起打开 KM2 的吸合线圈的电路，同时 KM 的另一常闭触头与 KM1 另一辅助常闭触头串联后打开时间继电器 KT 的吸合线圈，正常电源供电时，合上 QF2，KM2 在控制开关 S2 合上时，其吸合线圈无法通电，所以备用电源处于热备用状态，所谓热备用指的是接触器主触头电源侧带电。如正常供电电源因故障失电，KM1、KM 吸合线圈释放，使备用电源控制电路中 KM、KM1 的常闭触头闭合，接通时间继电器 KT 的线圈，时间继电器启动，经设定时间 KT 的触头在备用电源控制电路中闭合，KM2 线圈受电吸合，备用电源投入运行供电，同时 KM2 的辅助触头在正常电源控制电路中打开了 KM1 的吸合线圈电路，确保了不发生两个电源并联运行的现象。

③ 正常电源发生故障的原因有多种，有些故障需检修后才能恢复供电，有些故障是供电线路能自行排除的。如架空线路上的细金属丝短路，瞬时烧毁即可排除，有时大气过电压使电压继电器动作而失电，但未发生装置击穿现象等。所以正常电源可以很快自行恢

复供电，备用电源的延时投入可以使正常电源自行恢复供电留有足够时间，这体现了对电源使用的选择性。

3. 通风与空调工程

(1) 案例1

1) 背景

A公司承建的某大型航站楼机电安装工程中地下一层货运贮存仓库的通风工程，在安装就位结束后，需做试运转和风管系统综合效果测定工作，为此施工员做了技术准备和人员组织准备，并绘制测定用的系统测定草图，标明检测部位和测点位置，由于准备充分，整个测定工作按计划顺利完成。

2) 问题

① 为什么通风系统风机测定十分必要，其测定的主要指标有哪些?
② 绘制系统测定用草图要注意的事项有哪些?
③ 风管系统风量调整的方法有几种，基本操作要求怎样?

3) 分析与解答

① 通风机是空调系统用来输送空气的动力设备，其性能是否符合设计预期要求，将直接影响空调系统的使用效果和运行中的经济性，所以在空调系统试运转过程，设备运转稳定后，要首先测定通风机的性能，性能的主要指标包括风压、风量、转速三个方面。

② 绘制通风系统测定用草图要注意以下事项：

A. 风机压出端的测定面要选在通风机出口而气流比较稳定的直管段上；风机吸入端的测定尽可能靠近入口处。

B. 测量矩形断面的测点划分面积不大于 $0.05m^2$，控制边长在 200mm～250mm 间，最佳为小于 220mm。

C. 测量圆形断面的测点据管径大小将断面划分成若干个面积相同的同心环，每个圆环设四个测点，这四个点处于互相垂直的直径上。

D. 气流稳定的断面选择在产生局部阻力的弯头三通等部件引起涡流的部位后顺气流方向圆形风管 4～5 倍直径或矩形风管大边长度尺寸处。

③ 风口风量调整的方法有基准风口法、流量等比分配法、逐段分支调整法等。

基本操作要求是先对全部风口的风量初测一遍，计算每个风口初测值，与设计值比较，找出比值最小的风口，作为基准风口，由此风口开始进行调整，调整借助风管上的三通调节阀进行，这是基准风口调整法的调整步骤。

而流量等比分配法调整，一般从系统最远管段即最不利的风口开始逐步向风机调整各风口的风量，操作时先将风机出口总干管的总风量调整至设计值，再将各支干管支管的风量按各自的设计值进行等比分配调整。

逐段分支调整法只适用于较小的空调系统。

(2) 案例2

1) 背景

某公司承建的一工业厂房大型多台鼓风机组成的通风机房，风管布置复杂，相互重叠交叉多，施工前需对照图纸要求进行风管制作前的测绘工作，并绘制加工草图，以利风管预制和日后的有序安装。由于施工员认真对待测绘工作，草图绘制明确，取得良好效果。

2) 问题

① 试述草图测量和绘制的必要性？

② 进行测绘时应检查的必备条件有哪些？

③ 测绘工作的基本内容有哪些？

3) 分析与解答

① 由于通风管道和配件、部件大部分无成品供应，要因地制宜按实际情况在施工现场用原材料或半成品组对而成。另外由于风管、配件、部件的安装如机械装配一样，刚度大，风管要与风机、过滤器、加热器等连接必须精准，不可强行组装。此外绘制加工安装草图可以将通风与空调工程的制作和安装两个工作过程合理地组织起来。

② 可以开展测绘的必备条件有：风机等相关设备已安装固定就位、风管上连接部件如调节阀、过滤器、加热器等已到货或其形位尺寸已明确不再作更动，与通风工程有关的建筑物，构筑物已完成，结构尺寸不再作变动，风管的穿越建筑物墙体或楼板的预留洞尺寸、结构、位置符合工程设计，施工设计已齐全，且设计变更不再发生。

③ 基本内容有：

A. 核量轴线尺寸，风管与柱子的间距及柱子的断面尺寸，间隔墙及外墙的厚度尺寸。

B. 核量门窗的宽度和高度，梁底、吊顶底与地坪或楼板距离、建筑物的层高及楼板的厚度等。

C. 核量预留洞孔的尺寸，相对位置和标高，多（高）层建筑预留垂直孔洞的同心度。

D. 核量设备基础、支吊架预埋件的尺寸、位置和标高。

E. 核定风管与通风空调设备的相对位置、连接的方向、角度及标高。

F. 核定风管与设备、部件自身的几何尺寸及位置，包括离墙、柱、梁的距离及标高。

实测后，如风管系统的制作安装有部分不能按原设计或图纸会审纪要求进行时，施工单位应及时与有关单位联系并提出处理意见。

4. 其他工程

(1) 案例1

1) 背景

如图9-5所示为一幢多层建筑的室内消火栓给水系统。

2) 问题

① 这个系统基本结构的特点是什么？

② 消防用水源有几个？

③ 三个单向阀的作用是什么？

3) 分析与解答

① 这是一个生活、生产和消防共用水源的环网供水的消火栓灭火系统，当屋顶高位水箱的水位低于一定水位时，水箱不再向生产、生活管网供水，仅可向消火栓管网供水。

② 消防用水水源有4个，分别是两个室外市政管网给水水源（装有计量水表），一个

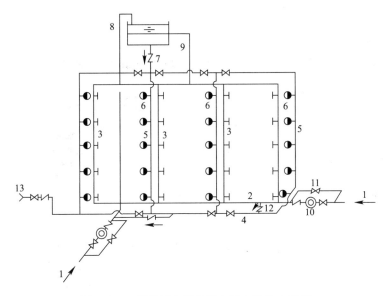

图 9-5 一幢多层建筑的室内消火栓给水系统

屋顶高位水箱,可贮 10min 用的消防用水量,一个水泵接合器,可以接受消防车向消防管网输水。

③ 水泵接合器处单向阀防止消防管网中水向外流淌,水箱底向消防管网的单向阀保证水箱只能向消防管网供水,使水泵接合器供水时不流向高位水箱。消防管网与生活、生产管网的连通管上的单向阀防止生活生产管网水压过低,消防管网向生活生产管网反送水流,总之这几个单向阀的作用是消防用水优先于生活生产用水的供给。

(2) 案例 2

1) 背景

如图 9-6 所示,是某公司施工的某厂建筑智能化工程中安全防范系统的巡更(巡查)子系统的巡查线路图,自管理处出发,定时沿线巡查后返回管理处,图上标明了 15 个巡查点,每点装有数字巡查机或 IC 卡读卡器,以确保巡查信息的实时性。

2) 问题

① 电子巡查系统的线路怎样确定,其功能主要是什么?

② 电子巡查系统有几种形式?

③ 电子巡查系统巡查点的设置位置有哪些?

3) 分析与解答

① 电子巡查线路的确定要依据建筑物的使用功能、安全防范管理要求和用户的需要。其功能是按照预先编制的保安人员巡查程序,通过信息识别或其他方式对保安人员的巡防工作状态进行监督,以鉴别其是否准时、尽责、遵守程序等,并能够发现意外情况及时报警。

② 常见的巡查形式有在线巡查系统、离线巡查系统和复合巡查系统三种。

③ 巡查点设置通常在建筑物出入口、楼梯和电梯前室、停车库(场)、主通道以及业主认为重要的防范部位,巡查点安装的信息识别器要较隐蔽,不易被破坏。

（3）案例 3

1）背景

如图 9-7 所示，为空调冷冻水管道直径大于 $DN50\text{mm}$ 的绝热结构图。

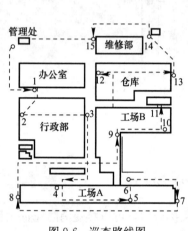

图 9-6　巡查路线图

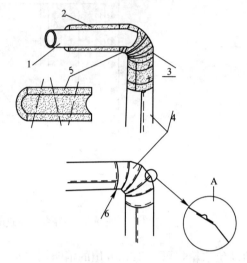

图 9-7　空调冷冻水管道绝热结构图

2）问题

① 图中的 1～6 分别表示什么？

② 分析详图 A 表示的意思和原因？

③ 如为保冷管道还应注意什么问题？

3）分析与解答

① 图中所示，1 为冷冻水管路的管子，2 为绝热层，3 为绑扎绝热材料的镀锌铁丝，4 为绝热材料外的金属薄板保护层，5 为弯头处绝热材料切割示意图，6 为金属薄板保护层第一节制作展开的指示。

② 详图 A 表明弯头处金属薄板保护层的搭接示意图，要求自水平管道转向垂直管道时，水平地搭在垂直的上面，垂直管道的上一节金属薄板外层搭在下一节金属薄板外层的外面。目的是防止凝结水或其他溅水、淋水等流入绝热层而结冰导致破坏绝热效果，这一点对室外的绝热管道尤其重要。

③ 对保冷管道还应注意冷桥的处理，即管子全程不要有与金属支架、穿墙金属套管、垂直管道承重金属托架间有直接接触现象，以免影响绝热效果。

十、质 量 控 制

本章对房屋建筑安装工程施工质量控制的要点和方法做了简明的介绍,希望通过学习对安装工程质量控制的路径有所了解,能在施工作业中得到应用。

(一)技 能 简 介

本节介绍施工项目部质量策划及其结果、并对施工员在质量管理方面的技能做原则要求,质量交底的组织亦作了说明,冀希通过学习能帮助提高质量控制能力。

1. 项目部施工质量策划

(1) 中标后、开工前项目部首先要做的是编制实施的施工组织设计,而其核心是使进度、质量、成本和安全的各项指标能实现,关键是工程质量目标的实现,否则其他各项指标的实现就失去了基础。因而通过施工质量策划形成的施工质量计划等同于施工组织设计,有的认证管理机构明确表示施工企业的某个工程项目的质量计划便是该项目的施工组织设计。

(2) 施工质量策划的结果

1) 确定质量目标

目标要层层分解,落实到每个分项、每个工序,落实到每个部门、每个责任人,并明确目标的实施、检查、评价和考核办法。

2) 建立管理组织机构

组织机构要符合承包合同的约定,并适合于本工程项目的实际需要,人员选配要重视发挥整体效应,有利于充分体现团队的能力。

3) 制定项目部各级部门和人员的职责

职责要明确,工作流程清晰、避免交叉干扰。

4) 编制施工组织设计或质量计划

形成书面文件,按企业管理制度规定流程申报审核,批准后实施。

5) 在企业通过认证的质量管理体系的基础上结合本项目实际情况,分析质量控制程序文件等有关资料是否需要补充和完善。若需要补充完善则应按规定修正后报批,批准后才能执行。

2. 确定质量控制点的基础

(1) 按掌握的基础知识,区分各专业的施工工艺流程。

(2) 熟悉工艺技术规律，熟悉依次作业顺序，能区分可并行工作的作业活动。

(3) 能进行工序质量控制，明确控制的内容和重点，包括：

1) 严格遵守工艺规程或工艺技术标准，任何人必须严格执行。

2) 主动控制工序活动条件的质量，即对作业者、原材料、施工机械及工具、施工方法、施工环境等实施有效控制，确保每道工序质量的稳定。

3) 及时检验工序活动的效果，一旦发现有质量问题，即停止作业活动进行处理，直到符合要求，判定符合要求的标准是各专业的施工质量验收规范，规范必须是现行的有效版本。如因"四新"被采用而规范中未作描述，但在工程承包合同中有所反映，则应符合合同的约定。

3. 质量交底的组织

(1) 质量交底文件已编制，内容包括：采用的质量标准或规范，具体的工序质量要求（含检测的数据和观感质量），检测的方法，检测的仪器、仪表及其精度等级，检测时的环境条件。

(2) 质量交底可以与技术交底同时进行，施工员可邀请质量员共同参加对作业队组的质量交底工作。

(3) 通常在分项工程开工前进行质量交底，分项工程施工中如有重要工序或关键部位应组织作业前的专门质量交底。

(4) 交底形式可用组织作业队组全员参加，也可以对具体作业者进行交底，交底的手段可以多样化，如口头宣讲、书面文件、图示、动画、样板等，具体采用何种手段，视具体情况和需要而定。

(5) 注意质量交底的工作质量，要允许提问、答疑，以达到认识统一为目的。

（二）案 例 分 析

本节以案例形式介绍房屋建筑安装工程中质量控制活动的情况，并进行分析与解答，希望通过学习，以提高专业技能。

1. 给水排水工程

(1) 案例1

1) 背景

A公司承建的某职业技术学院教学楼机电安装工程，该大楼共8层，每层东西两侧均有卫生间，在土建工程施工时，项目部派出电气和管道两个班组进行配合，考虑到每层楼面的电气导管埋设较多，故电气作业队组力量较强，经验也多，而管道作业队组的配合工作主要是卫生间管道（包括给水和排水工程）留洞埋设立管的套管及复核在建筑施工图上进水干管的留洞位置和尺寸，工作量相对较小，技术也不复杂，所安排的作业队组人数较少，由工作经历仅2年的班长带队，教学楼结顶后，安装工程全面展开。发现贯通8层楼面的卫生间立管的留洞不在一条垂直线上，虽经矫正修理，其垂直度允许偏差不能符合规范规定的要求。

2) 问题

① 给水排水立管留洞位置失准属于什么阶段的控制失效?

② 是什么因素影响了工程质量?

③ 这个质量问题属于什么性质?

3) 分析与解答

① 由于安装工程正式开工要在建筑物结顶后,所以安装与土建工程的配合尚处于施工准备阶段的后期。这时有的专业如电气工程已发生工作量,且有实物形象进度,但如给排水工程仅为留洞作业,不安排可穿插进行的某些部位的管道安装,只能认为其在做施工的准备工作,因而发生的质量缺陷可以看成事前阶段的质量控制失效。

② 从背景分析,负责给水排水工程留洞和复核工作的班长工作仅两年,经历经验不够多,也缺少有效的方法,所以说人的因素是影响质量的主要因素。当然也可能存在方法问题,例如将套管与楼板钢筋焊死后给以后的矫正工作带来较大的难度等。

③ 据施工质量验收规范 GB 50242 第 4.2 节指明,立管的垂直度允许偏差属于一般项目,超差不影响使用功能,仅影响观感质量,所以是一般质量问题,不必返工重做,但可以在施工中做一些补救措施,即力争每层立管保持垂直度允许偏差不超标,在每层楼板处做调整工作,钢管可以微弯曲,铸铁管在承插口处作调节。

(2) 案例 2

1) 背景

B公司承建某五星级酒店的机电安装工程,正处于施工高峰期。项目部质量员加强了日常巡视检查工作,发现给水管竖井内的大规格管道的承重支架用抱箍坐落在横梁上构成,其构造不够合理。具体表现为抱箍用螺栓紧固后,紧固处两半抱箍间接触面无间隙,折弯的耳部无筋板,抱箍与管道贴合不实局部有缝隙。说明抱箍不是处于弹性状态,日后管道通水后重量加大,摩擦力不够,会使承重支架失去功能,管道因之而位移,导致发生事故。质量员要求作业班组整改重做。

2) 问题

① 给水立管承重支架被质量员发现构造不合理是什么阶段的质量控制失效?

② 造成整改的原因是什么因素影响了工程质量?

③ 质量员发现抱箍构造不合理,并用什么方法进行检查?

3) 分析与解答

① 质量员发现的管道承重支架有较大的质量缺陷是处于施工高峰期,应属于事中阶段的质量控制,也就是施工过程中的质量控制。

② 从背景可知承重支架抱箍因构造不合理而返工,影响质量的直接因素是材料或成品。但成品的构造不合理又归结为固定的方法不合理,因而影响因素有方法的一面。但这些都是人为的,所以影响因素离不开人的作用,因而有的文章认为,影响工程质量的因素主要是人。

③ 质量员发现抱箍构造不合理,其检查方法为目测法。但为验证构造不合理会导致抱箍功能失效的检查方法要用实测法。

2. 建筑电气工程

(1) 案例1

1) 背景

A 公司承建一住宅楼群的机电安装工程，楼群坐落于一个大型公共地下车库上面。工程完工投入使用，情况良好，机电安装工程尤其是地下车库部分被行业协会授予样板工程称号，为省内外同行参观学习的场所。项目部负责人主要介绍了地下车库的施工经验，包括编制切实可行的施工组织设计、进行深化设计，对给水排水、消防、电气、智能化、通风等各专业的工程实体按施工图要求作统一布排安装位置和标高，严格材料择优采购，加强材料进场验收，所有作业人员上岗前进行业务培训，并到样板室观摩作业，采用先进仪器设备（如激光、红外准直仪）定位，合理安排与其他施工单位的衔接，加强成品保护，避免发生作业中对已安装好成品的污染或移位，施工员、质量员实行每天三次巡视作业，及时处理发现的质量问题，用静态试验和动态考核相结合的办法把好最终检验关等。这些做法获得参观者的认同和好评。

2) 问题

① 项目部负责人的介绍说明了对哪些影响工程质量的因素进行了控制？

② 项目部对工程质量的控制是否全面？

③ 从背景分析项目部质量策划达到了哪些目的？

3) 分析与解答

① 从背景可知，项目部负责人的经验介绍涉及人员培训、采用新仪器带动了新施工方法的应用，对材料采购和验收加强了管理，做好成品保护改善作业环境条件等，实行了人、机、料、法、环（4M1E）全方位的控制，从而使工程质量得到保证而成为样板工程。

② 项目部对工程质量控制各个阶段都有针对性的活动，自事前的编制施工组织设计（质量计划）、深化设计、人员上岗培训开始，到事中的材料遴选、管理人员加强巡视检查工程质量，最终把好检查验收关。说明项目部在事前、事中、事后三个阶段都对工程质量实行了有效控制。

③ 项目部的质量策划有效，在质量目标（成为样板工程）、组织结构和落实责任、编制具有可操作性的质量计划、完善质量管理体系等各方面都有明显的成果。

(2) 案例2

1) 背景

B 公司承建的某大学图书楼机电安装工程，其电气工程馈电干线为桥架内敷设的电缆。电缆敷设前对桥架的安装进行全面检查，发现电缆桥架转弯处有个别部位的弯曲半径太小，不能满足电缆最小允许弯曲半径的需要，必须返工重做，改成弯曲弧度大的 T 形接头。为查明原因，项目部召开了专门会议，经查，设计单位因容量增大进行设计变更，馈电干线截面积增加两个等级，发出设计变更通知书，项目部资料员仅将设计变更通知书递送给材料员作变更的备料用，未按质量管理体系文件规定应注明材料员阅办后，迅即传递至施工员处，通知施工作业班组更换桥架弯头。时值进行桥架敷设安装，材料员未见注明附言，认为资料员将同样的设计变更通知书已告知施工员。直至电缆敷设前，施工员去电缆仓库领料，才发现馈电干线电缆已变更变大，于是导致了电缆敷设前对已分项验收的电缆桥架实行全面检查。

2) 问题

① 这是发生在什么阶段的质量失控事件？

② 是什么因素影响了工程质量？

③ 背景所述事件应怎样整改？

3) 分析与解答

① 施工过程发生设计变更信息传递中断而造成质量问题，应属事中质量控制失效。

② 如果从五个影响因素分析，表面看是人的因素起主导作用，即资料员的失职造成的。但背景中没有交代资料信息传递的控制性文件内容，于是也有可能控制性文件规定不够完善而导致信息传递受阻，这就可以引申为第二个影响因素是方法问题。

③ 针对的整改措施：第一是对资料员进行培训，以提高其业务能力和责任心，第二对项目部质量管理体系文件做评估，补充、修正和完善其不足的部分，促使质量保证体系运行正常，不留死角，避免再发生类似的质量事故。

3. 通风与空调工程

（1）案例1

1) 背景

某市星级宾馆由 A 公司总承包承建，各专业分包单均纳入其质量管理体系，但未做经常性培训，也不作日常的运行检查。工程完工，正式开业迎客前，A 公司邀请若干名相关专家，协助 A 公司对工程质量及相关资料进行全面检查，准备整改后申报当地的工程质量奖项。经现场检查，屋面、客房、地下室机房等安装工程质量符合标准，大堂、墙地面均华丽质优，唯独专业配合施工的平顶上电气的灯具、通风的风口、消防的火灾探测器喷淋头、智能化的探头传感器等布置无序凌乱，破坏了建筑原有艺术风格，有必要进行返工重做，否则评奖会成问题。于是在查审相关资料时，专门查验了有关质量控制文件，发现平顶上设备安装要先放样，召集土建、安装、装修共同协调确认后，才能开孔留洞进行施工，而且明确说明这个控制点属于停止点。但查阅有关记录，无关于协调确认的记载。

2) 问题

① 酒店大堂平顶上安装施工失效属于什么阶段质量控制的失控？

② 虽然质量控制文件有规定，平顶上安装部件要协调确认，但实际上未执行，在技术上属于什么性质？

③ A 公司这次质量问题在管理上应汲取什么教训？

3) 分析与解答

① A 公司虽然事前阶段做了较多准备，编制了质量控制文件，要在酒店大堂施工前先协调确认，并定为停止点。但在施工过程中未得到认真执行，于是可以认为质量失控发生在事中阶段。

② 在技术上属于违反了工艺技术规律所导致的质量问题，只要按规定的顺序办理，就可以避免此类事故的发生。

③ A 公司只是将质量管理体系文件发给各专业分承包公司要求执行，没有培训，也没有运行检查，违背了管理规律，即没有按计划、实施、检查、改进（P、D、C、A）循环原理实施有效控制，这是值得引以为戒的。

（2）案例 2

1）背景

A 公司承建某银行大楼的机电安装工程，其中通风空调机组的多台室外机安装在大楼的屋顶上。A 公司项目部为了贯彻当地政府关于节能的有关规定，对室外机组的安装使用说明书认真阅读研究，特别是对其散热效果有影响的安装位置及与遮挡物间的距离做了记录，准备在图纸会审时核对。在地下室安装玻璃钢风管时为做好成品保护，防止土建喷浆污染风管，将风管用塑料薄膜粘贴覆盖，土建喷浆结束，撕去薄膜再补刷涂料。为了做好通风风量调试工作，编制了专项施工方案，在所有通风机及空调机的试运转过程中都如预期一样较顺利地完成。整个通风与空调工程被评为优良工程。

2）问题

① 重视节能效果，做好设备使用说明书的阅读，属于什么阶段的质量预控？

② 做好玻璃钢风管的成品保护，属于什么阶段的质量预控？

③ 做好通风空调工程的调试和试运转施工方案并实施是什么阶段的质量预控？

3）分析与解答

① 做好图纸会审的准备工作属于事前质量控制阶段，因事前质量控制的内容包括施工准备在内，而熟悉设备安装使用说明书是施工准备中技术准备工作的一部分，所以划为事前阶段的质量控制。

② 做好玻璃钢风管的成品保护工作发生在施工过程中，应属于事中质量控制的活动，因为风管系统在交工验收之前要补刷一道涂料或油漆，保持外观质量良好，如不作好风管成品保护，被喷浆污染，不仅补漆时工作量大，除污不净也会影响涂装质量。

③ 试车调试试运转进行动态考核是检验安装工程质量的最终重要手段。为确保调试试运转活动达到预期的效果，通常都应编制相应的调试方案，所以属于事后质量控制活动。

4. 其他工程

案例

1）背景

B 公司在承建一学院办公楼的机电安装工程前，为了使工程中的消火栓安装和智能综合布线敷设能得到较好的质量评价，在员工上岗前进行了针对性的培训，要求认真学习两本施工质量验收规范，即《建筑给水排水及采暖工程施工质量验收规范》GB 50242—2002 和《智能建筑工程质量验收规范》GB 50339—2003，最终考核为二个分项的质量控制点设置，命题如下。

2）问题

① 室内消火栓试射试验的位置在哪里？

② 箱式消火栓安装的控制点有哪些？

③ 综合布线线缆敷设的控制点有哪些?

3）分析与解答

① 室内消火栓试射试验为检验工程的设计和安装是否取得预期的效果，选取的位置是在屋顶层（或水箱间内，在北方较多）一处，首层两处，共三处。屋顶层检验系统的压力和流量，即充实水柱是否达到规定长度，首层两处检验两股充实水柱同时达到本消火栓应到的最远点的能力，充实水柱一般取为10m。

② 室内消火栓一般装在消火栓箱内，消火栓箱是经消防认证的专用消防产品，箱内消火栓安装质量的控制点有：消火栓栓口的方向、与箱门轴的相对位置、栓口中心距地面的高度、阀门中心距箱侧面和距箱后内表面的距离。此外对箱体本身的垂直度也有控制要求。

③ 建筑智能化工程综合布线敷设的线缆是传递信号的路径，信号的量级小，因而敷设完成均要进行检查测试，以保畅通无阻。检测的内容包括：线缆的弯曲半径，线槽敷设、暗管敷设、线缆间的最小允许距离，建筑物内电缆，光缆及其导管与其他管线间距离，电缆和绞线的芯线终端接点，光纤连接的损耗值等。

十一、质量文件编制与交底

本章在质量管理基本知识和质量控制知识的支撑下,对施工活动中质量文件编制要点及交底注意事项作出介绍,通过学习使质量员进一步提高认识和专业技能。

(一)技能简介

本节简要介绍质量文件的类别和编制流程,同时对如何进行质量交底、交底后实施等环节的工作做出说明,以供应用中参考。

1. 技能分析

(1)质量文件的含义

在《建筑工程资料管理规程》JGJ/T 185—2009 和《建设工程文件归档整理规范》GB/T 328/2001 两种标准中没有单独列出质量文件的说明,只能理解为施工阶段形成的施工文件的一种。而按 ISO9000 标准建立的质量管理体系文件是企业最高层次的质量文件,在项目部执行中,要以此为原则进行具体化。因此,就施工现场对质量文件的理解应是在施工全过程中关于质量管理而形成的书面文件的总称。

(2)质量文件的种类

就一个工程项目施工全过程而言,形成的质量文件大致有以下几种。

1)施工准备阶段编制的施工组织设计,可替代项目经质量策划后编制的质量计划。

2)对分项工程实行质量控制编制的工序质量文件,与制造厂编制的工艺卡性质一样,与作业指导书有同样效力。

3)质量检查计划文件是在施工进度计划确定后,编制的有时间坐标的质量检查计划。包括检验和试验在内。

4)用数理统计方法分析质量情况的统计分析文件。

5)发生质量事故后的事故调查报告和事故处理报告。

6)工程施工质量验收中填写的各种质量验收记录及其说明。

7)其他(包括设备、材料进场验收的质量记录)。

(3)质量文件的形成

1)质量文件的形成与企业的管理制度有关,但总体上的流程是相类似的。

2)质量计划、工序质量文件、质量检查计划、数据统计分析质量情况文件、质量事故调查报告和质量事故处理报告等书面文件都经历拟文编写、初审、修改、复审、上报审核、批准后实施等环节。

2. 质量交底

(1) 质量交底与技术交底的关系

1) 技术交底是施工作业前的活动,有多个层次进行,但交底的内容包括作业对象的情况、作业环境条件、作业方法、质量要求、安全防护措施、质量验收标准等均是相同的科目,仅规模范围有区别,所以说技术交底包含了质量交底。而且交底者应是施工员在某个分项工程施工前对作业队组进行。

2) 质量员的质量交底应理解为对作业队组进行分项工程施工作业前依据工序质量文件做细化了的质量交底,内容应包括:作业对象的特性、作业次序、质量要求、作业工具使用、检测质量的方法、检测工具的选用、质量记录的填写、完工后成品保护要点等。

(2) 质量交底的形式

质量交底可采用召集作业队组人员会议、进行口头交谈、交换意见释疑解惑取得对交底内容的认同,也可以用书面文件告知的方式,或者两种形式皆用。但是不论采用何种形式,按规定在交底后交底人与被交底人均应在交底记录上签字确认。

(3) 交底后实施的检查

实行交底犹如计划的布置,交底的成效如何,就需进行跟踪检查,这是 PDCA 循环原理的体现,也是管理工作普遍规律。即实行闭环管理,而检查是关键,可以发现交底内容执行的效果,也可以知晓交底内容的符合性和可行性,同时可以修正交底中不足之处,以利提高工作质量。

(二) 案 例 分 析

本节以案例形式进一步举例说明质量文件编制和质量交底的方法和作用,以利学习者提高专业技能。

1. 给水排水工程

(1) 案例1

1) 背景

Z 公司是两层分离的管理型公司,中标承建的工程,由 Z 公司派员至施工现场组建项目管理班子。作业队伍按不同专业需要分包给各个劳务公司。Z 公司承建的某大学学生宿舍楼机电安装工程,其给水排水工程中给水管网不论管径大小均采用 PP-R 热熔管材。项目部质量员经调查,了解到施工作业的 B 劳务公司管工作业队仅做过 20mm 及以下的 PP-R 热熔管路,为此质量员编制了 PP-R 管热熔作业质量文件,重点控制连接的工序质量,取得较好成效,使该学生宿舍楼给水工程的质量有了保证。

2) 问题

① 质量员编制工序质量文件时,应从哪几个方面进行考虑?

② PP-R 热熔管路试压要注意什么问题?

③ 质量员宜采用什么方法进行质量交底?

3) 分析与解答

① 质量员编制质量文件目的是向作业队组进行质量交底，而 PP-R 管的安装关键是热熔连接的工序质量起决定性的作用，因而重点考虑了影响这道工序质量的几大因素。首先文件指明作业人员需要培训，尤其是大口径管道连接的培训，经实际操作检验考核合格才能上岗作业；其次要求熟悉热熔工具的使用说明，注意在不同气候温度下的加热时间及加热工具操作开关的使用；如何在管端和管件上做好长度标识，以控制加热长度和相互的插入深度，并再三说明加热后插入时不能旋转；注意管端表面、管件内表面的清洁无油垢，使两者结合可靠；最后提醒加热场所应有防尘防风措施，避免尘沙或灰尘吹落在加热面上，以免影响连接质量。总之质量员是从人机料法环（4M1E）五个影响质量的因素方面考虑，采取有针对性的措施而编制交底用的质量文件。

② PP-R 管是热熔连接的塑料管，系统试压应在最后一个管口连接后降到常温（即管口温度与空气温度相同）才能试压，其次试验方法和试验压力值与金属管道稍有区别。试验压力值为工作压力的 1.5 倍，但不得小于 0.6MPa，PP-R 管试压时应在试验压力下稳压 1 小时，压力降不得超过 0.05MPa，然后在工作压力的 1.15 倍状态下稳压 2 小时，压力降不得超过 0.03MPa，经检查所有接口处不渗不漏为合格。质量员应在编制的质量文件中对这些内容加以说明。

③ 鉴于作业队无大口径 PP-R 管连接的经历，所以质量员以召集会议的方式进行质量交底，以利沟通交流，达成共识，同时约请有经验的师傅在交底会上示范操作，做出样板，效果较佳，很快提高了被交底者的作业水平。

(2) 案例 2

1) 背景

A 公司承建的商住楼机电安装工程，地下一层为车库，地上三层为商场，商场以上为住宅楼标准层。由于建筑工程有结构转换，所以其排水管网的路径较复杂，隐蔽情况也有区别，有管道竖井内、吊平顶内、雨水管在装饰墙板内等。项目部质量员为确保隐蔽的排水管道隐蔽前不遗漏灌水和通球试验，为此专门编写了专项质量检查计划，同时为了贯彻节约用水原则，引进了灌水封堵机具，并形成了可推广的工法。

2) 问题

① 质量员怎样编写隐蔽排水管道的质量检查计划？
② 节约灌水用水的主要措施应怎样？
③ 编制质量检查计划的前提是什么？

3) 分析与解答

① 质量员为了不遗漏排水管道隐蔽前的质量检验，编制了质量检查计划。计划用草图形式表示，草图依施工图绘制，有三种表达形式：

A. 地下车库平面草图。
B. 地上商场平面草图。
C. 商场以上住宅楼标准层草图。

每张草图注明需隐蔽的排水管道位置、管径、计划隐蔽时间。注明管径为了选取通球球径。草图上还说明已经检查过的色标，这样可直观地知晓检查计划的执行情况，不致发生遗漏。

② 节约灌水的措施主要用在住宅楼的标准层。灌水试验时在下一层立管上接头处（伸缩节处）松开装上临时封堵器对上一层进行灌水，灌水检查合格，打开临时封堵器侧向放水口阀门，将水放出贮存于水桶中，移至本层灌水使用，此时临时封堵器移至更下一层进行封堵，为了检验立管拆开处密封性可采用隔层封堵法进行检测，这样节约了大量的施工用水，符合节能环保的要求。

③ 质量检查计划的编制要在施工进度计划编制确定后进行。这说明施工现场施工员与质量员要密切配合，工作之间要相互衔接，彼此间要用书面文件相互告知。

2. 建筑电气工程

(1) 案例1

1) 背景

A公司项目部承建某学校教学大楼的机电安装工程，按制度规定，定期要进行质量检查。项目部质量员发现有些质量通病虽经多次纠正，但某些作业人员还屡犯不鲜，于是觉得很有必要召开一次对建筑电气工程质量通病防治讲解会，列入本季度质量工作计划，以求在认识上取得一致，使通病得到有效克服。为此质量员编写了有针对性的质量交底文件作为讲解会的中心发言，主要有以下几个要点。

2) 问题

① 暗配的照明线路的开关盒、插座盒内要清除灰尘和尘土，是为了提高观感质量的要求吗？

② 控制自动化仪表盘的垂直度误差仅是为了整齐美观吗？

③ 接地用的绝缘铜电线规定为最小截面是$4mm^2$，但通过计算大多数只要$1.5mm^2$就足够了，因为回路上的熔丝额定电流比接地铜线的允许电流小得多，为什么？

④ 质量员抽检线路的绝缘电阻值，为什么测量值与作业队施工时的检测值不一样？

3) 分析与解答

① 暗配线路盒箱内要清洁无尘土灰砂，原因是防止灰砂尘土附着在绝缘体表面，吸收潮湿后，降低导电接点间的绝缘电阻值，换句话说，减少了爬电距离，而引起意外安全问题，尤其在沿海、潮湿多雨或相对湿度较大的场所要特别引起注意。

② 控制自动化仪表盘的垂直度误差不仅是为了整齐美观。盘面上装有的自动化仪表或各种自动记录仪，要求必须保持规定的水平度或垂直度，才能准确正常地工作，否则就会失准。

③ 规定最小截面为$4mm^2$，不是从电气性能考虑的，而是从机械性能考虑，因为截面积太小，容易受到外力干扰而使导线断掉，失去接地保护的功效。

④ 这是正常现象。绝缘电阻测量时，受环境因素影响较多，如温度、湿度、空气含尘量等。但有一条，不论何人、何时测量线路绝缘电阻值，均不应小于施工质量验收规范规定的规定值。

(2) 案例2

1) 背景

A公司承建某体育中心机电安装工程，其电气工程的中央变配电所有高低压开关柜60

余台，数量众多，且柜内结线和出线回路无一类似，各个元器件的参数也不相同，其安装质量影响着体育中心是否能安全可靠运行，也对A公司的社会信誉有深刻影响。为此项目经理要求施工员和质量员会同对中央变配电所的柜盘安装编制质量交底文件。编制中特别强调要做好盘柜序列的排放编号，不能错位，同时对调试试运行也作了详细描述。编制完成，经审核修改批准，付诸实施。实施中加强跟踪检查，取得较好效果，体育中心的中央变配电所顺利受电和送电。

2）问题

① 施工员与质量员会同编制的质量交底文件有哪几个方面？

② 为什么盘柜的位置（即序列编号）不能错位？

③ 变电所送电前应做的准备工作是什么？

3）分析与解答

① 体育中心中央变配电所盘柜安装的质量交底文件的编制，主要有设备的外观检查、施工作业的环境条件、盘柜基础型钢制作安装、盘柜的搬运、盘柜的就位、盘柜内二次回路结线及检查、电气调试和整定、盘柜的受电和送电等施工全过程的各个方面。

② 变配电所内盘柜的安装位置要按系统图和平面布置图的位号安装就位，不能错列、错位。如果排列有错且已固定，不仅线缆进出位置要变换，影响线缆的敷设，同时还要对建筑智能化工程的接口接线和图纸进行修改，也对已作运行监视预案（包括软件在内）的修正带来很大麻烦。所以不能错位，否则返工的工作量很大。

③ 变配电所送电前应做的准备工作有：

A. 变配电所受电应备齐试验合格的验电器、绝缘靴、绝缘手套、临时接地铜线、绝缘胶垫、灭火器材等。

B. 进一步清扫盘柜及变配电室、控制室的灰尘。用吸尘器清扫电器、仪表元件，室内除送电需用的设备用具外，无关物品不得堆放。

C. 检查母线、盘柜上有无遗留下的工具、金属材料及其他物件。

D. 明确试运行指挥者、操作者和监护人。检查送电过程中和通电运行后需用的票证、标识牌及规章制度应齐全、正确。

E. 安装作业全部完成，试验项目全部合格，并有试验报告。

F. 继电保护动作灵敏可靠，控制、连锁、信号等动作准确无误。

G. 编制受、送电盘柜的顺序清单，明确规定尚未完工或受电侧用电设备不具备受电条件的开关编号。

3. 通风与空调工程

（1）案例1

1）背景

B公司中标承建某大型医院的机电安装工程。其中通风与空调工程工程量大，有多个系统，还有手术室等的洁净空调工程。空调系统为中央空调系统，风管是镀锌钢板制成的矩形风管。为了使工程质量能满足用户需要，B公司项目部质量员制订了风管制作质量控制文件。在召集作业队组进行质量交底后，进行如下几个问题的书面考核以鉴定交底效果。

2) 问题

① 金属风管的连接形式有哪些？与板材的厚度有什么关系？
② 风管制作场所的作业条件有什么要求？
③ 洁净空调风管的作业条件有什么特殊的要求？

3) 分析与解答

① 金属风管的连接形式包括：板材间的咬口连接、焊接；法兰与风管的铆接；法兰加固圈与风管的铆接或焊接连接。

金属风管的连接形式与板材厚度和材质的关系如下：

钢板厚度小于或等于 1.2mm 采用咬接，大于 1.2mm 采用焊接；不锈钢钢板厚度小于或等于 1.0mm 采用咬接，大于 1.0mm 采用焊接（氩弧焊或电焊）；铝板厚度小于或等于 1.5mm 采用咬接，大于 1.5mm 采用焊接（氩弧焊或电焊）。

② 金属风管制作作业场所的条件应是：

A. 集中加工应具有宽敞、明亮、洁净、地面平整、不潮湿的厂房。

B. 现场分散加工应具有能防雨雪、大风及结构牢固的设施。

C. 作业地点要有相应加工工艺的基本机具、设施、电源和可靠的安全防护装置，并配有消防器材。

③ 洁净风管制作的作业条件还有：

A. 加工风管用镀锌钢板经洗涤剂清洗、擦净、干燥后堆放整齐，表面需油漆的应先涂上第一道油漆，并密封保护防尘备用。

B. 制作现场应保持清洁，存放材料时应避免积尘和受潮；风管制作场地应相对封闭，并宜铺设不易产生灰尘的软性材料。

(2) 案例 2

1) 背景

Z 公司承建的星级宾馆机电安装工程有工程量较大的通风与空调工程，宾馆客房为风机盘管空调系统，空调水系统有设在裙房屋顶上的冷却塔，还有新风系统的空气处理室。项目部质量员为使空调设备的安装质量能满足业主要求，编制了质量交底文件向作业队组交底。鉴于冷水机组的安装由生产商负责并配合试运转，所以质量员未作质量文件的编写。由于质量员交底清楚务实，与设备生产商分工界面清晰，所以该星级宾馆的通风与空调工程试运转顺利，投入运行后正常。

2) 问题

① 质量交底文件中风机盘管的安装注意事项有哪些？
② 质量交底文件中对冷却塔的安装有哪些技术要求？
③ 质量交底文件中对空气处理室的组装有哪些主要规定？

3) 分析与解答

① 风机盘管安装的注意事项有：

A. 节能规范 GB 50411—2007 要求：风机盘管机组应对其供冷量、供热量、风量、风压、出口静压、噪声及功率进行复验，复验应为见证取样送检；检查数量为同一厂家的风机盘管机组按数量复验2%，但不少于2台。

B. 风机盘管机组安装前宜进行单机三速试运转及水压检漏试验，试验压力为系统工作压力的1.5倍，试验观察时间为2min，不渗漏为合格。

C. 风机盘管机组应设独立支、吊架，安装位置、高度及坡度应正确、固定牢固；如有消声要求，需考虑弹性支、吊架和减振隔垫。

D. 风机盘管机组与风管、回风箱或风口的连接应严密、可靠；应考虑预留机组检修的检查口；空气过滤器的安装应便于拆卸和清理。

② 冷却塔安装的主要技术要求有：

A. 冷却塔的型号、规格、技术参数必须符合设计要求。对含有易燃材料冷却塔的安装，必须严格执行施工防火安全的规定。

B. 基础标高应符合设计的规定，允许误差为±20mm。冷却塔地脚螺栓与预埋件的连接或固定应牢固，各连接部件应采用热镀锌或不锈钢螺栓，其紧固力应一致、均匀。

C. 冷却塔安装应水平，单台冷却塔安装水平度和垂直度允许偏差均为2/1000。同一冷却水系统的多台冷却塔安装时，各台冷却塔的水面高度应一致，高差不应大于30mm。

D. 冷却塔的出水口及喷嘴的方向和位置应正确，积水盘应严密无渗漏；分水器布水均匀。带转动布水器的冷却塔，其转动部分应灵活，喷水出口按设计或产品要求，方向应一致。

E. 冷却塔风机叶片端部与塔体四周的径向间隙应均匀。对于可调整角度的叶片，角度应一致。

③ 空气处理室组装的主要规定有：

A. 金属空气处理室壁板及各段的组装位置应正确，表面平整，连接严密、牢固。

B. 空气处理室喷水段的本体及其检查门不得漏水，喷水管和喷嘴的排列、规格应符合设计的规定。

C. 空气处理室表面式换热器的散热面应保持清洁完好。当用于冷却空气时，在下部应设置排水装置，冷凝水的引流管或槽应畅通，冷凝水不外溢；表面式换热器与围护结构的缝隙，以及表面式换热器之间的缝隙应封堵严密；换热器与系统供回水管的连接应正确，且不渗漏。

十二、质量检查验收

本章介绍房屋建筑设备安装分部分项工程的验收和检查方法,以及验收中查阅的资料,通过学习可以进一步明确施工质量验收的要义和组织验收的技能。

(一)技能简介

本节以《建筑工程施工质量验收统一标准》GB 50300—2013 为核心介绍房屋建筑安装工程各分部工程质量验收的要点及操作流程,同时要注意统一标准已修订报批,待颁行,所以在实际工作中要密切注意新标准的施行。

1. 技能分析

(1)建筑工程质量验收的划分

1)建筑工程质量验收应划分为单位(子单位)工程、分部(子分部)工程、分项工程和检验批。

① 单位工程的划分原则

A. 具备独立施工条件并能形成独立使用功能的建筑物或构筑物为一个单位工程。

B. 建筑规模较大的单位工程,可将其能形成独立使用功能的部分,分为一个子单位工程。

② 分部工程的划分原则

A. 分部工程的划分应按专业性质、建筑部位确定。

B. 当分部工程较大或较复杂时,可按材料种类、施工特点、施工程序、专业系统及类别等划分为若干个子分部工程。

③ 分项工程应按主要工种、材料、施工工艺、设备类别等进行划分。

分项工程可由一个或若干个检验批组成,检验批可根据施工及质量控制和专业验收需要按楼层、施工段、变形缝等进行划分。

检验批的定义是按同一的生产条件或按规定的方式汇总起来供检验用的,由一定数量样本组成的检验体。

④ 室外工程可根据专业类别和工程规模划分单位(子单位)工程。

2)房屋建筑安装工程按专业划分为建筑单位工程所包含的一个或若干个分部(子分部)工程。

(2)工程验收合格的规定

1)检验批合格的规定

① 主控项目和一般项目的质量经抽样检验合格。

② 具有完整的施工操作依据、质量检查记录。

2) 分项工程合格的规定

① 分项工程所含的检验批均应合格。

② 分项工程所含的检验批质量验收记录应完整。

3) 分部（子分部）工程合格的规定

① 分部（子分部）工程所含分项工程均应合格。

② 质量控制资料完整。

③ 设备安装工程有关安全及功能的检验和抽样检测结果符合有关规定。

④ 观感质量符合要求。

4) 单位（子单位）工程合格的规定

① 单位（子单位）工程所含分部（子分部）工程均应合格。

② 质量控制资料完整。

③ 单位（子单位）工程所含分部工程有关安全和功能的检测资料完整。

④ 主要功能项目的抽查结果符合相关专业质量验收规范的规定。

⑤ 观感质量验收符合要求。

(3) 工程质量验收的组织

1) 检验批及分项工程由监理工程师或建设单位项目技术负责人组织施工单位项目专业技术质量负责人等进行验收。

2) 分部工程由总监理工程师或建设单位项目负责人组织施工单位项目负责人和技术质量负责人等进行验收。

3) 单位工程完工后，施工单位先自行组织有关人员进行检查评定，并向建设单位提交工程验收报告。

建设单位收到工程验收报告后，由建设单位（项目）负责人组织施工（含分包单位）、设计、监理等单位（项目）负责人进行单位（子单位）工程验收。

(4) 工程验收记录的填写

1) 检验批的质量验收记录由施工单位项目专业质量检查员填写。

2) 分项工程质量验收记录由监理工程师或建设单位专业技术负责人填写。

3) 分部（子分部）工程质量验收记录由总监理工程师或建设单位项目专业负责人填写。

4) 单位（子单位）工程质量验收记录由建设单位填写。

2. 安装工程质量验收的资料

(1) 施工现场质量管理资料

包括：

1) 现场质量管理制度。

2) 质量责任制。

3) 主要专业工种操作上岗证书。

4) 分包方资质与对分包单位的管理制度。

5）施工图审查情况。
6）地质勘察资料。
7）施工组织设计、施工方案及审批。
8）施工技术标准。
9）工程质量检验制度。
10）现场材料、设备的存放与管理。
（2）工程质量控制资料
1）给水排水与采暖工程
包括：
① 图纸会审、设计变更、洽商记录。
② 材料、配件出厂合格证书及进场检（试）验报告。
③ 管道、设备强度、严密性试验记录。
④ 隐蔽工程验收记录。
⑤ 系统清洗、消毒、灌水、通水、通球试验记录。
⑥ 施工记录。
⑦ 分部、分项工程质量验收记录。
2）建筑电气工程
包括：
① 图纸会审、设计变更、洽商记录。
② 材料、设备出厂合格证书及进场检（试）验报告。
③ 设备调试记录。
④ 接地、绝缘电阻测试记录。
⑤ 隐蔽工程验收记录。
⑥ 施工记录。
⑦ 分项、分部工程质量验收记录。
3）通风与空调工程
包括：
① 图纸会审、设计变更、洽商记录。
② 材料、设备出厂合格证书及进场检（试）验报告。
③ 制冷、空调、水管道强度、严密性试验记录。
④ 隐蔽工程验收记录。
⑤ 制冷设备运行调试记录。
⑥ 通风、空调系统调试记录。
⑦ 施工记录。
⑧ 分项、分部工程质量验收记录。
4）建筑智能化工程
包括：
① 图纸会审、设计变更、洽商记录、竣工图及设计说明。

② 材料、设备出厂合格证书、技术文件及进场检（试）验报告。
③ 隐蔽工程验收记录。
④ 系统功能测定及设备调试记录。
⑤ 系统技术、操作维护手册。
⑥ 系统管理、操作人员培训记录。
⑦ 系统检测报告。
⑧ 分项、分部工程质量验收报告。

(3) 安全和功能检验记录

1) 给水排水与采暖工程

包括：

① 给水管道通水试验记录。
② 暖气管道散热器压力试验记录。
③ 卫生器具满水试验记录。
④ 消防管道、燃气管道压力试验记录。
⑤ 排水干管通球试验记录。

2) 建筑电气工程

包括：

① 照明全负荷试验记录。
② 大型灯具牢固性试验记录。
③ 避雷接地电阻测试记录。
④ 线路、插座、开关接地检验记录。

3) 通风与空调工程

包括：

① 通风、空调系统试运行记录。
② 风量、温度测试记录。
③ 洁净室洁净度测试记录。
④ 制冷机组试运行调试记录。

4) 建筑智能化工程

包括：

① 系统试运行记录。
② 系统及电源检测报告。

(4) 观感质量检查要点

1) 给水排水与采暖工程

包括：

① 管道接口、坡度、支架。
② 卫生器具、支架、阀门。
③ 检查口、扫除口、地漏。
④ 散热器、支架。

2) 建筑电气工程

包括：

① 配电箱、盘、板、接线盒。

② 设备、器具、开关、插座。

③ 防雷、接地。

3) 通风与空调工程

包括：

① 风管、支架。

② 风口、风阀。

③ 风机、空调设备。

④ 阀门、支架。

⑤ 水泵、冷却塔。

⑥ 绝热。

4) 建筑智能化工程

包括：

① 机房设备安装及布局。

② 现场设备安装。

3. 自动喷水灭火消防工程

（1）分项分部工程的合格判定按 GB 50300 规定执行。

（2）系统验收及有关验收的资料按 GB 50261 执行，验收合格以分部工程参加单位工程验收。

（二）案 例 分 析

本节以案例形式介绍房屋建筑安装工程质量检查验收的有关注意要点，希望通过学习能提高质量员的工作技能。

1. 案例 1

（1）背景

某商务楼地上 32 层，地下 2 层是动力中心和汽车库，设有中央变电站和供水加压泵房及空调制冷机组等各类设备，汽车库有通风机房和自动喷水灭火系统。地上 3 层为商场，除常规的给水排水工程、建筑电气动力照明工程、通风与空调工程（中央空调送风），还有安全防范监控系统，自动喷水灭火系统与地下车库的管网相通。地上 3 层以上是标准层的商务用房，中间设有避难层。以避难层为界，上下各设有独立的 10kV/0.4kV 变电所一个。供水系统各自设立的独立泵房。排水系统经消能处理后纳入大楼室外地下排水总管。通风与空调系统为风机盘管加新风系统。建筑智能化工程由于用户待定，仅安装公用部分安防和消防火灾报警装置，每层只安装建筑智能化电源供给点，待日后由用户与施工单位签约后实施。A公司中标后，按业主建设意向签订工程承包合同，要求商场和地下车库先投入使用。B公司分包该工程的机电安装工程。在施工准备阶段，对工程的检查验收进行了策划。

（2）问题

1）A公司和B公司在工程质量验收工作中有什么区别？

2）B公司怎样划分工程的质量验收？

3）怎样对建筑电气工程的观感质量验收？

（3）分析与解答

1）A公司是总承包单位，该大楼的单位工程质量验收的准备工作、资料汇总及提交单位工程验收报告，应由A公司负责办理。B公司负责该大楼专业分部工程的施工，属分包施工单位，应对分包工程项目按规定进行检查评定，进行时应邀请总包单位派员参加。分包工程完成后，应将工程有关资料移交给总包单位。

2）B公司在施工准备阶段策划质量验收工作时，认为该单位工程由两个子单位工程组成。依据工程未经检查验收不得投入使用的原则，大楼的3层以下及地下2层作为一个子单位工程，可以先施工、先验收、先使用，地上3层以上为另一个子单位工程，每个子单位工程内都有给水排水、建筑电气、通风与空调、消防、建筑智能化等子分部工程。电梯属于特种设备，按规定由建设单位另行发包给制造厂承装，不再列入B公司的分部或子分部工程清单目录。由于两个子单位工程的各个安装专业分部工程的系统结构有差异，所以要准备有针对性的施工技术资料记录的表式。

3）建筑电气工程观感质量检查的部位，主要有变配电所内的盘柜等设备，抽查的自然间的灯具、插座和开关及接线箱盒，屋顶上的避雷网等，还有明敷的电缆桥架、线槽等。

2. 案例2

1）背景

某住宅小区续建4幢住宅楼，是普通砖混结构的民居，业主将工程发包给A公司承建。考虑到其中机电工程较简单，仅有给水排水工程和电气照明工程，于是在签订工程承包合同时，提出该工程的机电安装工程分包给经常为小区维修的B修建公司。A公司承诺进行总包管理，工程完工后业主（建设单位）组织质量检查验收，发现安装工程的实体质量尚好，但查阅验收资料时瑕疵较多。为此质量验收组召集B公司有关人员进行专门讲评，以促使B公司提高工程资料的质量，总包A公司也派员参加。讲评涉及的问题有以下几个方面。

2）问题

① 工程的资料记录基本要求是什么？

② 如何正确填写各种检验试验的结果？

③ 怎样正确使用法定计量单位？

3）分析与解答

① 工程资料记录的基本要求是真实、准确、完整、齐全、有可追溯性，能反映工程

实体的面貌,要求及时形成,与工程进度同步填写,不要是回忆录,更不允许弄虚作假,签字人员应是实际作业或管理人员,不要代签,因为其隐含着对事实负有法律责任。切莫违法委托咨询公司做假资料。

② 检验试验方法有观察、测量、仪器检测等,其结果是用数据表示为主,辅以观察时对外形的判断。所以记录中要填写数据或对外形的描述,不要以"符合要求"、"符合规定"、"合格"等笼统的文字表达,这也是判断资料真伪的一种方法。比如电线的绝缘电阻测定应用 xxxMΩ 表示,管道强度试验应填写压力下降值 xxxMPa 等。

③ 记录中的单位名称,应用法定计量单位,且字体要规范。例如质量为克,电压为伏,外文符号 kg 的 k 为印刷体小写,长度米用 m 而不是 M 等,要养成习惯减少出错。

3. 案例 3

1) 背景

A 公司承建某住宅小区 12 幢楼的机电安装工程,包括室外的给水管网和电气照明工程。供水由独立的水泵房供给,其中不锈钢水箱分包给 B 公司组装。水泵房安装结束,经 A 公司检查验收,发现水箱的焊缝有局部裂缝,经分析是焊接电流太大所致,B 公司进行了处理。该工程完工后,经检查验收合格交付使用。

2) 问题

① 该项目共有几个单位工程?

② 为什么水泵水箱经处理后,工程仍为合格工程?

③ A 公司是否可以作为单位工程验收的施工单位主体?

3) 分析与解答

① 据背景可知,该项目共有 13 个独立的建筑物,即有 13 个单位工程,再加上两个专业的室外单位工程(供水管网与室外电气照明),于是该项目共有 15 个单位工程。

② 水泵房不锈钢水箱焊缝有局部裂纹,经查明原因并进行返修处理后,重新验收为合格,依据统一标准规定,该工程为合格工程。

③ A 公司是该项目工程机电安装工程施工的分包单位,不能成为单位工程验收时施工单位的主体。主体应是建筑工程的施工总承包单位,但是 A 公司应参加单位工程施工质量的验收活动。

十三、质量问题处理

本章对质量员在处理质量问题时应起的作用作出介绍,以利其提高工作能力。

(一)技能简介

本节以说明处理质量问题应具备的主观条件和客观需要为主作出介绍,以利实践中应用。

1. 技能分析

(1)已掌握质量管理基本知识中对质量问题的分类,明确了质量缺陷和质量事故的根本区别。

(2)了解工程所在地有关法规对质量问题造成经济损失达到定性为质量事故的额定值。

(3)基本掌握给水排水工程、建筑电气工程、通风与空调工程、建筑智能化工程、自动喷水灭火工程等的施工质量验收规范的主要条款,尤其要掌握其中的强制性条文。

(4)熟悉各专业施工用主要材料或设备的产品制造技术标准,或者知晓这种制造技术标准可通过何种渠道进行检索。

(5)备有已公开出版的各专业质量通病防治手册或类似的图册。

2. 质量问题的原因分析

(1)对影响质量的五个因素,即作业人员、施工机械、施工用材料、施工工艺方法、作业环境(4M1E)概念明确,熟知怎样控制,并能用数理统计的方法进行分析。

(2)管理方面的主因

1)缺乏质量意识

① 项目施工组织者、管理者或作业者缺乏质量意识,没有牢固树立质量第一的观念。

② 缺乏质量意识的情况下,导致违背施工程序,不按工艺规律办事,不按规范要求作业,不按技术标准严格检查,忽视工序间的交接检查,总之指挥者或作业者没有按质量责任制的规定各负其责。

2)管理混乱

① 项目部组织结构的设置及人员配备不能适应工程项目施工管理和施工作业的需要。

② 由于不适应需要,表现为技术能力、质量管理能力不足,导致发生使用不合格的材料、不能正确采用合理的工艺、工序衔接混乱等现象的发生,使质量问题频发。

3)施工准备不充分

如焊接时风雨较大,油漆时湿度大被刷涂表面不干燥,油浸变压器吊芯检查时空气相对湿度较大超过规定值,塑料管安装或塑料电缆、塑料电线敷设在极低温度下超过了产品允许的低温作业的温度,这些恶劣的环境条件,如不采取措施进行改善,势必影响工程质量而形成质量问题。

4) 缺少监督机制

虽然有各种关于质量管理的规章制度和施工作业的规程、工艺标准等技术质量文件,但施工作业中不认真执行,作业者凭经验施工操作,缺少监督检查,导致发生各类质量缺陷。如镀锌钢管焊接连接、支架开孔用气焊割孔、多股电线与灯具端子连接不搪锡、洒水灭火喷头用手扭拧、安全防范监视屏盘面不平、通风风管刷漆流淌等。

3. 处理职责

(1) 质量员属项目部基层质量管理人员,直接负责施工作业队组作业质量的指导和监督,消除或减少质量缺陷是其应尽的职责。同时要积累资料,经分析整理,及时或定期向项目部领导层汇报工程质量问题的发展趋向。

(2) 发生质量事故后,按相关程序进行报告,接受调查。大部分的事故,质量员要参与调查活动,但涉及质量员所属项目部工程的质量事故,如与质量员错误指导有关,则该质量员不能参与调查,而成为被调查的对象。

(二) 案 例 分 析

本节通过案例说明质量问题的现象、原因分析以及处理方式,以供在实践中应用。

1. 案例 1:给水排水工程

(1) 背景

A 公司为西北地区一机电安装工程公司,应邀承建东部一个大型核电厂生活区的地下供水管网工程。时值夏季,地下供水管道进水干管自市政管道引入,为直径 630mm 的镀锌无缝钢管,引入的直管段长 750m,施工自市政管网提供的阀门开始向生活区引伸,已安装了工程量的二分之一。管道连接均用法兰连接,规范说明室外供水管道可以每公里一段试压,所以没有回填土。根据技术交底要求,为防止动物进入管内,每日下班要用盲板将管端封堵。是日午夜,突降雷阵雨,室外管沟满水,管沟边坡塌方,管道上浮,撕裂进口处法兰焊缝,沟底淤泥堆积,均需返工处理。由于损失金额已超过规定额定值,形成质量事故。

(2) 问题

1) 从背景分析是什么环节造成事故的原因?
2) 影响质量的直接因素是什么?
3) 这起事故调查处理程序是怎样的?

(3) 答案

1) 应该说,这起事故有点像天灾,但并不属于不可抗力的作用,主要是事前质量控制的要素施工方案不够完善。通常这样条件下施工采取的措施,一是完成一段管道安装,除接口处外要进行局部回填土,二是管沟横向设有排水沟,三是方案中要规定与气象部门每日沟通。尤其在雷雨多发季节,技术交底中加盲板封堵,仅考虑了有利的一面,忽略了增加浮力的有害一面。

2) 这起事故的直接影响因素是环境,是久在西北地区施工的 A 公司,缺乏对东部地区环境条件的调查研究所致。

3) 质量事故的调查处理程序是:

①事故报告;

②现场保护;

③事故调查;

④编写事故调查报告;

⑤形成事故处理报告。

2. 案例 2:建筑电气工程

(1) 背景

A 总承包公司承建某医院病房大楼,其机电工程由 B 公司分包。A 公司质量员在巡视检查 B 公司施工的照明工程时,发现链吊日光灯表面被土建施工喷浆污染;暗敷的镀锌钢导管用焊接 Φ6 钢筋做跨接接地线;带有仪表和按钮的照明配箱导管入口有气割现象,箱门接地连接导线松动等。于是查阅 B 公司相关技术交底文件,认为不够完善,提意见要求改进,使这些质量缺陷得以避免。

(2) 问题

1) 链吊日光灯应怎样防止污染?

2) 镀锌钢导管应怎样做跨接接地?

3) 为什么配电箱不能气割开孔?箱门接地连接导线发生松动的原因是什么?

(3) 答案

1) 链吊日光灯发生污染的原因之一是施工程序安排失当,应该安排土建湿作业完成后再安装。若因进度之故先安装了,则原因之二是成品保护意识不强,没有保护措施,应在土建喷浆前用塑料薄膜等包起来遮挡。

2) 镀锌钢导管除 KBG、JDG 管有专用工具及配件做接地跨接连接外,其他镀锌钢导管要用铜线经钎焊或专用抱箍做跨接接地连接,焊接连接会破坏管内外镀锌层,影响使用寿命,也有悖于采用镀锌钢管的原意。

3) 照明配电箱为供应的成品,涂层完好美观,气割开导管入口不仅影响观感质量而且破坏涂层影响使用寿命,应该采用开孔机开导管的入口。箱门接地导线松动指与接地螺丝的连接松动,应采取防松措施,如加弹簧垫或加双螺帽。

3. 案例 3:通风与空调工程

(1) 背景

Z 公司承建 H 市一星级酒店的机电安装工程,投标书中向总承包单位承诺按鲁班奖目标的质量等级进行施工。为此 Z 公司项目部在开工前对全体员工进行培训,目的是怎样消除施工中的质量通病（质量缺陷）。项目部质量员依据通风与空调工程中常见的质量缺陷作了分析，并提出了解决的办法，具体有以下三个方面。

(2) 问题

1) 风管的出风口布置，尤其是走廊、大厅等公共场所要与建筑装修设计和谐协调，不能零乱无序，为什么？怎样解决？

2) 地下车库明装矩形风管的吊架，风管安装后，横担下露出的螺杆长度太长，且严重参差不齐，横担上锁紧螺母多有漏装，应怎样克服？

3) 空调冷冻水或冷却水的镀锌钢管在镀锌前焊缝多有咬边现象，焊缝宽窄不同，且焊缝外形紧密不一，飞溅物也没有清除，影响镀锌后的外观质量，应怎样克服？

(3) 答案

1) 通风工程的出风口不仅有送风和回风功能，而且有装饰效果，尤其是走廊或大厅的风口必须与建筑装修的效果相协调，也要与其他安装专业装在一起的部件如灯具、烟感探测器、音响喇叭等互相协调，不能零乱无序，影响总体装饰效果。应采取先放样作草图，有关各专业（包括建筑、装饰、安装）共同评价确认，然后经业主认同，或者在有条件的情况下，做局部样板，征求意见经多次修正后确定下来再正式施工，这样做有利克服质量缺陷，也会取得良好效果。

2) 地下车库明装的矩形风管吊架结构是门式的，由角钢横担和两侧固定在楼板下的圆钢吊杆组成，横担端部有孔与吊杆端部螺纹用上下螺母锁紧角钢横担，风管就搁装在横担上。由于风管在运行中会产生振动，如螺母安装数量不齐，下部无锁紧螺母，会产生螺母因振动而脱落的现象，对运行存在风险。吊杆螺纹太长或参差不齐，主要是因为缺少安装风管前的标高测定工作或者测绘不细，应把吊杆规格与风管安装标高一一对应起来，不要在任何位置都用同样长度的吊杆。

3) 空调冷冻水或冷却水的镀锌钢管的焊接质量缺陷主要是焊工的技术素质不高所造成的，必须加强焊工的技术培训，考核合格后始能上岗作业。在正式施焊前先做出样板，要做好焊后对焊缝的清理工作，去除焊药皮，剔去飞溅物，同时加强对焊缝的外观质量检查。

4. 案例4：自动喷水灭火工程

(1) 背景

A公司承建某大型商住楼的自动喷水灭火消防工程，在提请消防验收前，A公司项目部组织自检，质量员在自检时发现以下质量缺陷要求作业队组迅即整改。

(2) 问题

1) 有的火灾探测器运行编码指示灯方向不对，背离房间入口，为什么要整改？

2) 地下车库边的消防泵房内水力警铃装在泵房内要移至值班室或泵房外墙上，为什么？

3) 喷淋给水干管的卡箍式接口的支架设置有的不合理，数量太少，需要增加，为什么？

(3) 答案

1) 火灾探测器运行时指示灯会闪烁红色指示表示工作正常，其朝向应对着客房的入口处，便于检查巡视人员观察。

2）消防泵启动时水力警铃会发出报警铃声，规范要求水力警铃安装在消防值班室或消防泵房外有人员经过的墙上。水力警铃的声级有限，装在泵房内会被泵的运转声淹没而失却报警作用。

3）如喷淋干管为卡箍式连接，属于柔性连接，如发生火灾则管内水流流动，管道会发生振动，而柔性连接口是管道振动发生泄漏的薄弱环节，所以每个接口边均应至少有一个支架进行刚性固定，以消除或最大限度地减小接口处的振幅，以保运行中的安全。

5. 案例5：建筑智能化工程

（1）背景

A公司承建某影剧院的建筑智能化工程，有BA、FA、SA等多个系统。在交工验收前A公司项目部组织施工员、质量员进行自检，检查中发现以下问题，要求整改完成后，再向业主提出交工验收申请报告。

（2）问题

1）监控室的嵌入式显示屏柜通风不良要整改，为什么？

2）安装在平顶上的线槽盖板不齐、端部密封不齐要整改，为什么？

3）有些控制箱、控制柜周边检修距离不够要移位，是什么原因造成的？

（3）答案

1）监控室的显示器组成屏后，通常不放入柜内，使其在自然通风下散热，保护良好的工作状态。如放进后部密闭的柜内影响自然通风，工作中产生的热量不易散去，所以要在柜的两侧和背部设置百叶式通风口，与底部线缆均形成自然通风渠道。

2）装在建筑吊顶内的线缆槽应有密封的盖板，且两端开口处线缆敷设后要用胶泥封堵，目的是防止小动物及昆虫啃啮破坏线缆，影响正常运行。

3）建筑智能化工程施工进场晚、完工也晚，如施工设计不完善或建筑智能化工程施工单位没有参加总体深化设计，其合理的设备安装位置被挤占是常有的事，但必须保持必要的检修空间。所以建筑智能化工程虽然开工较晚，但必须参加早期的总体深化设计，以尽量减少返工。

十四、质量资料

本章对质量员在编制、收集、整理质量资料的知识和能力作出介绍,供在实践中参考应用。

(一) 技能简介

本节介绍质量资料收集鉴别的基本知识,为编制整理质量资料做好基础工作,并对归档资料的质量提出要求。

1. 技能分析

(1) 参加单位工程施工组织设计的编制,编制中能对建筑设备安装各专业提出分项工程的数量,并对每个分项工程依据工程实际提出检验批的划分方案。

(2) 依据质量检验评定统一标准的规定及施工质量验收规范的要求,结合工程实际提出质量资料各专业的记录表式(样品)。

(3) 如承包合同约定或新技术、新工艺、新材料、新工程设备采用,业主要求采用新的质量记录或对原有质量记录作出补充,质量员要提出新表式记录的方案。

(4) 质量资料收集的原则

1) 及时参与施工活动,即对产生质量资料的施工活动要准时参与,不要把实时记录变为回忆录。

2) 保持与工程进度同步,指质量资料的形成时间与工程实体形成时间的一致性。

3) 认真把关,指质量员对作业队组提供的质量资料要仔细审核,发现有误要指导纠正。

(5) 质量资料整理的要点

1) 要按不同专业、不同种类划分,以形成时间先后顺序进行整理组卷。

2) 整理中对作业队组提供的资料有疑问不要涂改,应找提供者澄清。

3) 整理后要有台账记录。

(6) 质量资料的基本要求

1) 符合性要求

表现为符合规范要求、符合现场实际部位、符合专业部位。

2) 真实性要求

质量资料应该实事求是、客观正确,既不为省工省料或偷工减料而隐瞒真相,也不为提高质量等级而歪曲事实。

3) 准确性要求

质量资料填写要完整、准确、齐全、无漏项,真实反映工程实际情况。

4) 及时性要求

指与工程同步形成。

5) 规范化要求

① 资料中的工程名称、施工部位、施工单位应按总承包单位统一规定填写。

② 资料封面、目录、装帧使用统一规格、形式。

③ 纸质载体资料使用复印纸幅面尺寸宜为 A4 幅面（297mm×210mm）。

④ 资料内容打印输出，打印效果要清晰。

⑤ 手写部分使用黑色钢笔或签字笔，不得使用铅笔、圆珠笔或其他颜色的笔。

⑥ 纸质载体上的签字使用手写签字，不允许盖章和打印。签字者必须是责任人本人。签字要求工整、易认，不得使用艺术签字。

2. 质量资料的鉴别

对形成的资料进行鉴别是档案管理工作的重要内容之一，鉴别工作内容主要有：

(1) 资料的完整性

资料收集应齐全、成套，不能缺少组成部分，在一套资料内不能缺页。

(2) 资料的准确性

判定准确性的标准是两个一致：一是资料所反映的对象（单位工程、分部工程、分项工程）相一致；二是同一类资料中内容（专业）应一致。

(3) 资料的属性

所谓资料的属性鉴别就是判定资料的性质和归属。把技术资料、物资资料、施工记录、试验记录、质量验收记录区别开来。

(4) 保管期限

资料在归档前要根据有关规定和标准鉴别资料是否具有保存价值，确定哪些要归档，哪些不要归档，还要根据保存价值的大小，按规定确定保管期限。

3. 质量资料归档质量要求

如质量员编制、收集、整理的质量资料要纳入城建档案，则应符合《建设工程文件归档整理规范》GB/T 50328—2001 对工程文件质量要求的规定，其要点如下：

(1) 归档的工程文件应为原件

1) 因各种原因不能使用原件的，应在复印件上加盖原件存放单位公章，注明原件存放处，并有经办人签字及日期。

2) 对于物资质量证明文件可用抄件（复印件）。若用抄件时，应保留原件所有内容，其上必须注明原件存放单位、经办人签字和日期，并加盖原件存放单位公章（公章不能复印）。

3) 对于群体工程，若有多个单位工程需用同一份洽商记录，则除原件存放单位外，其他单位工程可用复印件，但其上必须注明原件存放单位、经办人签字和日期，并加盖原件存放单位公章（公章不能复印）。

(2) 工程文件的内容及其深度必须符合国家有关工程勘察、设计、施工、监理等方面的技术规范、标准和规程。

（3）工程文件的内容必须真实、准确，与工程实际相符合。

（4）工程文件应采用耐久性强的书写材料，如碳素墨水、蓝黑墨水，不得使用易褪色的书写材料，如红色墨水、纯蓝墨水、圆珠笔、复写纸、铅笔等。

（5）工程文件应字迹清楚，图样清晰，图表整洁，签字盖章手续完备

1）工程文件中的照片（含底片）及声像档案图像应清晰，声音清楚，文字说明或内容准确。

2）计算机形成的工程文件应采用内容打印、手工签名的方式。

3）施工图的变更、洽商、绘图应符合技术要求。

（6）工程文件中文字材料幅面尺寸规格宜为 A4 幅面（297mm×210mm）。图纸宜采用国家标准图幅。

（7）工程文件的纸张应采用能够长期保存的韧力大、耐久性强的纸张。

4. 质量资料编制收集的渠道

（1）隐蔽工程记录

1）隐蔽的部位，查阅各专业施工图纸。

2）隐蔽的时间，与施工员沟通作业计划的安排，并如期至作业面查核。

3）隐蔽前的检查或试验要求，查阅相关专业的施工质量验收规范。

（2）检验批的质量验收记录

1）检验批的划分，按施工组织设计确定的方案进行。

2）检验批完工时间、检查时间安排与施工员沟通，确定实施检查的时间。

3）检验批的质量检查标准，按相关专业施工质量验收规范规定执行。

（3）分项工程质量验收记录

1）分项工程所属全部检验批完工时间、检查时间与施工员沟通，确定实施检查时间。

2）检查完毕该分项工程的全部检验批后应及时填写所属检验批质量验收记录。

3）按统一标准 GB 50300 规定判定分项工程的质量，如合格则填写分项工程质量验收记录。

（4）分部工程质量验收记录

1）分部工程所属分项工程已全部完工，且经检查验收合格，并填写验收记录。

2）按统一标准 GB 50300 规定对安装工程有关安全及功能的检验和抽样检测完成，并作出记录。

3）对该分部工程观感质量检查已完成，并作出记录。

4）按统一标准 GB 50300 规定，已整理好该分部工程的质量控制资料。

5）按统一标准 GB 50300 规定，判定分部工程的质量，如合格则填写分部工程质量验收记录。

（5）单位工程验收记录

1）房屋建筑设备安装工程的室内部分仅有分部工程，分包单位完成所有设备安装分部工程质量验收记录后，要移送至总包单位，由总包单位编制单位工程质量验收记录。

2) 房屋建筑设备安装工程室外安装仅有室外给水排水与采暖和室外电气两个单位工程。

3) 室外安装单位工程按统一标准 GB 50300 规定判定为合格，则填写单位工程质量竣工验收记录。

(6) 除检验批的质量验收记录明确由质量员负责填写外，分项、分部、单位等工程的质量验收记录应该由组织验收的负责人指定人员填写记录。质量员要跟踪收集整理。

(7) 原材料质量证明文件、复检报告

1) 材料进场验收，由材料供应部门材料员主持，其质量证明文件、复验报告及进场材料验收记录等质量资料日常由材料部门保管，并登记造册。

2) 工程竣工验收时由质量员会同材料部门材料员将材料质量资料收集汇总整理成竣工验收资料之一部分，同时材料部门要提供主要材料用在工程实体部位的记录资料。

(8) 建筑设备试运行记录

1) 建筑设备试运行质量资料由试运行方案依据施工质量验收规范确定。

2) 建筑设备试运行由施工员组织，并负责填写试运行记录（质量资料），并负责保管。

3) 工程竣工验收时由质量员会同施工员将试运行记录收集汇总整理成竣工验收资料的一部分。

（二）案例分析

本节以案例介绍质量资料施工记录的质量要求和日后的应用。

1. 案例 1：给水排水工程

(1) 背景

Z 省对省级建筑工程优质奖评审的条件规定，对象是一个单位工程，工程的建筑面积 10000m^2 以上，今年 9 月 30 日前竣工，经使用可参加下一年度的评奖。A 公司总承包承建的 Z 省 J 市经贸中心办公区项目，由一幢 9500m^2 大楼和一幢 800m^2 附属食堂商店组成。由于 A 公司精心组织施工，工程质量较佳，已被 J 市有关机构评为优质工程。A 公司为争取更大荣誉，申报省级优质奖评审，将申报书连同工程相关资料一起呈送。受理单位组织有关专家至 J 市检查工程实体，认为符合优质工程要求，但检查审核提交的相关资料却发现了问题，于是参评的资格被取消。

(2) 问题

1) 单位工程建筑面积是否不够？

2) 消防管道试压记录的日期是 10 月 15 日，不符评审条件？

3) 许多质量资料中不使用法定计量单位？

(3) 答案

1) 评审的对象是单位工程，而申报资料中将评审对象变成为由两个单位工程组成的项目，且每个单位工程的建筑面积均没有达到评审条件规定的建筑面积，所以不能参评。

2) 该工程的消防管道试压日期是 10 月 15 日，晚于要求的竣工日期。竣工验收证书上签发日期是 9 月 28 日，明显是对建设单位做了工作，因为不可能在消防工程未完工的情况下就认同该工程已竣工。况且消防法规有关规定，未经消防验收合格的工程是不能投入使用的，于是使用考核的时间也不够，有弄虚作假嫌疑而被取消资格。

3) 计量法明确规定，我国要采用法定计量单位，一切文件资料等均应使用，工程质量资料中也不例外。如试验压力单位为 kg/cm^2 而不采用 MPa，长度度量用英寸而不用 mm 或 cm，这都表明 A 公司在法定计量单位使用的态度不严谨，也是企业管理工作质量不佳的表现，故而取消资格。

2. 案例 2：建筑电气工程

（1）背景

某省一住宅小区在暑假期间发生一男童触电死亡事故。经过是这样的，住宅楼为 5 层平屋顶，男童攀爬至屋顶后，沿外墙水管及雨篷向下回落，至一层入口雨篷，见有道路照明架空线路的钢索拉线在侧，便探身前跃，手抓拉线下滑，殊不知线路失修拉线带电，下滑脱手至地触电而亡，于是引起诉讼。经当地专家组调查确认，是架空线路离建筑物外墙距离太近，不符合设计规范和施工规范的规定所致。住宅由当地 A 建筑公司承建，架空线路由当地 B 电力承装公司承装。法院为明确责任，查阅设计图纸，施工设计图上有明确的符合规范要求的安全距离，而工程实际中距离要小得多，这样就排除了设计原因，显然是施工行为不当造成，法院咨询了工程建设有关专家，从而找到主要责任方。

（2）问题

1) 法院是怎样找到主要责任单位的？
2) 简述工程质量资料的基本要求？
3) 发生拉线带电提醒了用电应注意的事项是什么？

（3）答案

1) 通常住宅小区的施工安排，住宅楼先开工，楼房结顶后，再安排室外的给水排水和电气工程，这样便可认为 B 公司施工行为不当而造成事故。但法院考虑到工程由两家单位实施，不能用惯性思维处理，要用事实来说话，于是组织人力查阅两个公司提供的工程资料，只要从资料中认定开工日期的先后，便可决定事故的主要责任方。应该说后开工的单位是事故的主要责任方。这个案例说明工程资料起到厘清责任的重要作用。

2) 工程质量资料的基本要求有：
① 符合性要求。
② 真实性要求。
③ 准确性要求。
④ 及时性要求。
⑤ 规范化要求。

只有符合这五个方面要求的质量资料才认为是可信的、合格的、日后可查阅应用的质量资料。

3) 查阅架空线路工程质量料资，通电前检查记录显示绝缘情况是好的，多年使用未发现异常。这起事故的发生提醒了人们，电气设施的安全使用要从两方面入手，一是建造时要依规实施，二是使用时要依章维护。

3. 案例3：通风与空调工程

（1）背景

A公司承建的某大型超市机电安装工程，竣工验收后由业主接管机电设施的管理。超市开业前，为确保防火安全，对通风与空调工程的要害部位进行了全面检查，鉴于许多工程已属隐蔽，采用查阅质量资料确认责任人员和现场检查相结合的方法，A公司派该项目质量员协同检查并进行释疑。

（2）问题

1）查验穿过封闭防火墙体风管套管的钢板厚度及封堵材料的不燃性能，为什么？

2）查验电加热器的接地及防触电安全，为什么？

3）查验排烟口、排烟阀的动作，为什么？

（3）答案

1）查验时已无法见到实物，仅能查阅质量资料及其所附草图。钢板厚度为2mm，且套管与风管间缝隙填充的是不燃的耐火泥，资料上有关方面签字齐全，包括陪同查验的质量员在内，表明施工方进一步承诺承担质量责任。这个部位是强制性条文规定的内容，认真执行，如遇火灾，可起防火隔堵作用，否则易酿成大灾。

2）查验时可对照质量资料和工程实体进行检查，电加热器装在风管上，使用时接地可防漏电引发触电事故，其引入电源的接线柱是裸露带电的，故应有保护罩加以防护，防止运行中或检修时发生人身安全事故。这也是强制性条文规定的要害部位。

3）查验排烟口、排烟阀的动作，要结合功能性抽样检测资料进行检查。如当任何一个排烟口或排烟阀开启时，排烟风机应能自动启动，同时应能立即关闭着火区的通风空调系统为合格，这是防排烟系统的主要功能之一的标志。

参 考 文 献

[1] 王清训. 机电工程管理实务（一级第三版）. 北京：中国建筑工业出版社，2011.
[2] 王清训. 机电工程管理实务（二级第三版）. 北京：中国建筑工业出版社，2012.
[3] 闵德仁. 机电设备安装工程项目经理工作手册. 北京：机械工业出版社，2000.
[4] 徐第，孙俊英. 怎样识读建筑电气工程图. 北京：金盾出版社，2005.
[5] 全国一级建造师考试用书编委会. 建设工程项目管理（第二版）. 北京：中国建筑工业出版社，2007.
[6] 全国建筑业企业项目经理培训教材编写委员会. 施工组织设计与进度管理. 北京：中国建筑工业出版社，2001.
[7] 张振迎. 建筑设备安装技术与实例. 北京：化学工业出版社，2009.
[8] 郜风涛，赵晨. 建设工程质量管理条例释义. 北京：中国城市出版社，2000.
[9] 全国建筑施工企业项目经理培训教材编写委员会. 工程项目质量与安全管理. 北京：中国建筑工业出版社，2001.
[10] 李慎安. 法定计量单位速查手册. 北京：中国计量出版社，2001.
[11] 马福军，胡力勤. 安全防范系统工程施工. 北京：机械工业出版社，2012.